U0110170

第一本

提高營收
創造流量
粉絲激增

社群行銷
實戰攻略

笹木郁乃・著　李亞妮・譯

お金をかけずに誰でもできる! SNS×メディアPR100の法則

用這本書，
拯救你的行銷方法並展望未來

在準備看這本書之前，你認為什麼是行銷？

我想應該有人會想：「我有聽過行銷，但這是什麼意思？我有必要學嗎？」或者也有人說：「我有做過行銷，效果卻不怎麼樣。」

目前為止，我已傳授行銷法給超過 5,000 位的經營者、創業家、公關人員和無公關經驗者。

一開始我是傳授「行銷作法」的策略和思維，但幾乎沒有人能夠做出成果。於是我改變了教法，將自己的作法轉化為「具體的法則」，再請大家按照既定法則從事行銷活動。

結果十分驚人！竟有許多學員獲得媒體報導的機會，因此提升了營業額。而我只是改變了教學方式，卻能讓這麼多學員受惠，令我非常訝異。

我原本是個國立大學工程學系第一名畢業，進入愛知縣的大公司「愛信精機（現名：日本愛信）」從事汽車研發工作的社會新鮮人。不過，我想要實際感受到幫助別人所帶來的成就感。所以我開始思考哪種工作是只要我努力，既能為公司帶來實質效益，又能讓我發揮最大潛能，於是我決定轉職。我投入

當時是新創事業的「愛維福（airwave）」負責首任的行銷公關。

那時我第一次接觸行銷，身為一個行銷公關，竟能為公司做出貢獻，打造出使公司營業額增加 100 倍，預購要等上 12 個月的熱銷產品。我對行銷所帶來的威力感到非常地震撼！

本書是將我的自身經驗和經營行銷公司時，協助過的許多企業案例擷取出來，集結而成的日常實務工具書。此書並非紙上談兵，而是嚴選出真正可以提高營收、創造流量、粉絲激增的具體法則。

舉例來說，在法則 3（P.20）會介紹到的丹後佳代小姐，她繼承了原本預計歇業的愛媛縣今治毛巾工廠。從一開始不知道該如何重整事業，直到實踐了本書的行銷法，讓員工數擴大至原先的 5 倍。現在的事業版圖也已成長到在東京的大型百貨公司內開分店，並成為國際知名品牌。

其他案例還有在書末介紹的餐飲業店長櫻木潔先生，他在開始行銷後的一年內便獲得 40 家媒體報導，來客數和前一年相比，完全不受疫情影響。而另一位行銷門外漢鈴木浩三先生，經過行銷補習班的訓練後，在兩個月內得到 11 間媒體採訪，營業額和前一年的同月相比，竟高達了 4 倍之多。

根據以上結論，初學者讀這本書實踐行銷法，可能會得到以下結果：

- 一年內得到 90 次以上的媒體曝光率。
- 因疫情關係學習行銷，餐飲店的來客數和前一年相比也完全不受影響。

- 從全職主婦搖身一變成為年收破 50 億的集團董事長。
- 七個月內與 6 間企業簽約，收入暴增 10 倍。
- 不僅正職做得嚇嚇叫，就連副業也和 3 間公司簽下行銷合約。

竟有這麼多人有如此大的變化！如今已有不少學員口耳相傳：「照著行銷補習班的方法去做，馬上就會看到成效 !!」在我開設補習班的這 5 年內，報名人數逐年攀升，幾乎場場爆滿，座無虛席。

此書並非市面上常看到的那些，以「行銷思維」和「什麼是行銷」的概念與知識為主的書籍。書裡收錄了許多行銷補習班學員的實際成果，以及最新的行銷法。

這些都是身為理科畢業生的我所獨創出來，為了提高營業額並與行動有所連結的「網路時代最有效行銷法則」。

如今，全球有許多因受到新冠肺炎疫情影響而持續苦撐的企業和自營業者。我認為應該要打破現況，以「用這本書來拯救經濟」的心情提筆寫下這本書。

人人都能做行銷。
即使不花一毛錢，就算只有一個人，也能大大改變現況。
請務必從法則 1（P.16）依序實踐行銷法。

笹木郁乃

目次

作者序 用這本書，拯救你的行銷方法並展望未來 02

第1章 利用社群平台 × 媒體行銷，免費提高知名度

001 行銷的強項
不花一毛錢讓你從「沒沒無名」變「聲名大噪」 16

002 行銷與廣告的不同
廣告也需要行銷的理由 18

003 利用行銷提升品牌力
一人行銷公關，也能改變公司產品的命運 20

004 締造巨額營收的媒體報導法則
把媒體人變成你的粉絲 22

005 提高認知度和信賴度的香檳塔法則
要提升媒體報導效果，絕不能少了社群貼文 24

006 比營業額更重要的事
營業額會變動，實際成果會留下 26

007 行銷基本中的基本
打造「香檳塔」不可少的要件 28

008 不花錢從沒沒無名變聲名大噪的方法
學習符合時代需求的行銷技巧 30

009 現今行銷公關所需的 3 種必備技能
社群時代 × 後疫情時代能存活下來的關鍵 32

第 2 章　做出打動人心的行銷設計

010
哪一種產品說明能打動人心？
著手行銷前要先懂得製作「行銷設計」 36

011
行銷設計的 6 個步驟①設計簡明的企業標語
你提供什麼樣的服務／產品？ 38

012
行銷設計的 6 個步驟② –1 被顧客選上的理由
傳達使用你的服務／產品的顯著差異 40

013
行銷設計的 6 個步驟② –2 被顧客選上的理由
明確獨特的銷售主張
（Unique Selling Proposition，USP） 42

014
行銷設計的 6 個步驟③顧客的未來案例
向顧客展示他們無法預測的未來展望 44

015
行銷設計的 6 個步驟④實際成果（1）
直接吸引媒體及大眾的注目 46

016
行銷設計的 6 個步驟④實際成果（2）
展現出附有專有名詞和數字的實際成果 48

017
行銷設計的 6 個步驟④實際成果（3）
從實際成果了解自己的過人之處 50

018
行銷設計的 6 個步驟⑤ –1 品牌故事
用故事產生共鳴，引起消費者和媒體注意 52

019
行銷設計的 6 個步驟⑤ –2 品牌故事
令人注目的故事寫作 4 大重點 54

020
行銷設計的 6 個步驟⑤ –3 品牌故事
嘗試製作故事圖表 56

021 行銷設計的 6 個步驟⑥使用說明書
設計簡單易懂的使用流程 58

022 如何製作提高信賴度的簡介
將行銷設計刊登在官網上 60

023 如何製作容易引起共鳴的簡介
將行銷設計刊登在社群平台上 62

024 刊登行銷設計的好處
媒體記者在採訪前會確認官網或社群帳號 64

025 即使不擅言詞也能打動對方的方法
利用公司介紹資料培養核心粉絲 66

026 利用銷售技巧活用行銷設計的優點
公司介紹資料與擴展事業密不可分 68

027 如何製作公司資料①
具體寫出你的服務方式 70

028 如何製作公司資料②
用實際成果與故事取得信賴和共鳴 72

029 如何製作公司資料③
利用產品特色與顧客心聲加深印象 74

第 3 章　**社群平台的經營方法
與營業額密不可分**

030 挑選各大社群平台時的優缺點
找出適合你的社群平台 78

031 各個社群平台的重點
掌握社群平台的種類與特色 80

032 社群行銷與交易買賣有關的理由
將粉絲培養成公司的代言人.................................. 82

033 經營社群平台的陷阱
光靠社群平台無法提高營業額.............................. 84

034 社群平台在購買流程上的作用
社群時代的購買流程是「AISAS 模式」................... 86

035 如何經營社群平台不失敗
經營社群平台的目的.. 88

036 踏實地追蹤、按讚的「真正效果」
開始經營社群要先致力於提升認知度.................... 90

037 利用社群平台打造營業額的 2 個步驟①培養社群帳號
身為賣家要擴大認知.. 92

038 利用社群平台打造營業額的 2 個步驟②誘導加入群組
藉由提供好處促進訂閱....................................... 94

039 如何利用實際成果抓住人的心理欲望
發文內容要意識到可能隨時會被搜尋.................... 96

040 社群平台流量能順利推動購買行動
擁有補足「AISAS 模式」的工具........................... 98

第 4 章　用社群平台引起共鳴，培養粉絲

041 社群帳號無法增加粉絲的共通點
粉絲暴增的社群帳號都經過「設計」.................... 102

042 培養粉絲暴增帳號的黃金法則①確定訊息的方向性
設定明確的最終目標.. 104

043 培養粉絲暴增帳號的黃金法則②–1
心血來潮的貼文無法增加粉絲 106

044 培養粉絲暴增帳號的黃金法則②–2 貼文時要注意的 3 個重點
重點 1 傳達實際成果 108

045 培養粉絲暴增帳號的黃金法則②–3 貼文時要注意的 3 個重點
重點 2 傳達該領域的實用資訊 110

046 培養粉絲暴增帳號的黃金法則②–4 貼文時要注意的 3 個重點
重點 3 表現多樣性與近況 112

047 培養粉絲暴增帳號的黃金法則②–5
社群平台上要讓大家看到「過程」 114

048 培養粉絲暴增帳號的黃金法則②–6
撰寫貼文時，要根據社群平台的特性而不同 116

049 培養粉絲暴增帳號的黃金法則③–1 統一的世界觀
統一的世界觀與營業額密不可分 118

050 培養粉絲暴增帳號的黃金法則③–2 統一的世界觀
打造會被顧客選中的世界觀 120

051 打造品牌的最佳時期
每個時期都要改變策略 122

052 如何培養受到粉絲喜愛的企業帳號
為什麼企業帳號難以成長？ 124

053 讓共鳴到達成交易的 2 個重點
不要被追蹤者的反應影響 126

054 社群貼文的傾向與對策
個別分析社群貼文的 3 個重點型態 128

055 實際成果與多樣性的貼文成功案例
發送多樣性內容及實際成果，增加粉絲 130

056 實用資訊貼文的成功案例
持續發送使用者尋求的資訊.................. 132

057 如何在 B2B 業務中活用社群平台
若只能經營一個社群平台──就選 Facebook.......... 134

第 **5** 章 **各社群平台的活用法**

058 經營 Facebook 的訣竅
實際成果的貼文與增加好友很重要.................. 138

059 增加好友的方法①
增加好友以便發展交易的方法.................. 140

060 增加好友的方法②
如何挑選朋友以增加按讚數.................. 142

061 經營 Instagram 的訣竅
利用主題標籤就能與核心粉絲產生連結.................. 144

062 讓 IG 用戶主動找到你的方法
有效運用主題標籤 (#hashtag).................. 146

063 經營 Twitter 的訣竅
以獨特的發文內容和勤快地更新刷存在感.................. 148

064 活用 Twitter 的重點培訓
跟隨者達 1,000 人是一個轉折點.................. 150

065 經營電子報和 LINE 官方帳號的訣竅①
電子報要專為「一個人」來寫.................. 152

066 經營電子報和 LINE 官方帳號的訣竅②
LINE 官方帳號的優點與缺點.................. 154

067 經營 Clubhouse 的訣竅
隱藏可能與新顧客相遇的工具 156

068 所有社群平台的共通重點
要持續耕耘，靠自己創造人氣 158

069 社群平台成功吸粉的 3 個步驟①收集顧客清單
利用跨媒體打造自我推銷的機制 160

070 社群平台成功吸客的 3 個步驟②–1 在顧客清單內階段性推銷
控制吸客的公告流程 162

071 社群平台成功吸客的 3 個步驟②–2 在顧客清單內階段性推銷
逐漸增加顧客的期望值 164

072 社群平台成功吸客的 3 個步驟③創造「現在非買不可的理由」
促進購買的零成本標語 166

第 6 章　不用花大錢，實現媒體主動報導的新聞稿

073 不花一毛錢，每個人都可以做到媒體行銷
沒有人脈，還能讓媒體行銷成功的唯一手段 170

074 新聞稿是寶貴的資訊來源
你就是「資訊提供者」 172

075 沒有名氣也能吸睛的方法
要以寫情書的心情撰寫新聞稿 174

076 新聞稿一張就搞定！
一定要放入 4W 176

077 媒體人想知道的重點
提高刊登率的 5W3H 法則 178

078 製作吸睛的新聞稿祕訣
網羅 5W3H 180

079 是否會被當成垃圾信件的判斷重點
以記者的視角檢查新聞稿 182

080 提高刊登率的新聞稿格式
7 個項目打動記者的心 184

081 行銷補習班式新聞稿徹底解說①
明確說明 4W 與「為什麼是現在？」 186

082 行銷補習班式新聞稿徹底解說②
傳遞故事與對社會帶來的影響 188

083 行銷補習班式新聞稿徹底解說③
用具體的日期時間與最後懇求抓住記者的心 190

084 單純的宣傳不會吸引記者採訪
社會現況＝大眾想知道的事 192

085 如何下標題吸引記者的興趣
新聞稿九成靠標題定案 194

086 常見的新聞稿 NG 重點
避免使用宣傳、專業術語和抽象的表現 196

087 挑出記者會喜歡的照片
記者可直接刊登在報導上的照片的 3 大準則 198

088 容易被媒體採納的 3 個切入點
如何找到容易吸引採訪的切入點 200

第7章 主動接觸媒體，提高知名度

089 獲得媒體報導的共通點
沒有人脈還是能將新聞稿送出的方法 204

090 如何送出新聞稿①郵寄、電子郵件、傳真
篩選媒體的 3 步驟 206

091 如何送出新聞稿②郵寄、電子郵件、傳真
如何輕鬆發送給特定記者 208

092 如何送出新聞稿③郵寄、電子郵件、傳真
沒想到這麼重要！問候信的重點 210

093 如何送出新聞稿④郵寄、電子郵件、傳真
如何提高閱讀機率 212

094 提高報導機率
如何打電話提升媒體行銷的成效 214

095 讓媒體人記憶深刻的說話方式
事先打電話追蹤的攻略 216

096 新聞稿沒有下文的共通點
不要發送完新聞稿就沒下一步動作 218

097 將媒體報導善用到最大值的 4 個步驟
採訪完到刊登前，要做些什麼？ 220

098 想要做好行銷，熱忱比技能更重要
哪些人適合當行銷公關？ 222

後記
一貢獻我的行銷力，讓所有人和企業都能開花結果！ 224

> 成功案例 **用實際案例學習行銷的實際成果**

案例1　新聞稿內容不能一味地推銷產品
精心撰寫新聞稿，獲得 40 家媒體報導 228

案例2　使用「香檳塔法則」擴大事業規模
利用跨媒體行銷，從小公司成長為大集團 230

案例3　提高媒體關注的訣竅
花心思接觸媒體打好關係 232

案例4　用一張照片改變媒體的反應熱度
靈活運用媒體報導 234

案例5　仔細分析篩選媒體很重要
針對不同媒體改變新聞稿的切入點 237

第 1 章

利用社群平台 × 媒體行銷，
免費提高知名度

行銷的強項

不花一毛錢讓你從「沒沒無名」變「聲名大噪」

　　準備看這本書的你認為，什麼是行銷？或許有人會說：「我有做過行銷，效果卻不怎麼樣。」「我有聽過行銷，但行銷到底是什麼？」

　　即使是在能輕鬆獲取資訊的年代，優秀的產品並不會自己銷售出去。如今是個要透過「巧妙的行銷手法」才能將「好東西」銷售出去的時代。也就是說，**行銷是能不花一毛錢，讓無名小卒和產品變聲名大噪的技巧。**

　　產品賣不出去，客服中心和工廠都閒得發慌，所有人都閒著沒事幹的公司，卻因為行銷的關係在全國播放的電視節目上被介紹了 5 分鐘，從那一瞬間開始，官網和客服中心突然湧入大量洽詢留言和電話，就連工廠生產線也全線開機。還有其他案例，毫無名氣的家具廠商的年營收竟暴增了 100 倍；原本沒什麼人要買的廚具卻變成預購要等上 12 個月的熱銷產品。因為行銷的力量，讓公司景氣搖身一變的畫面，我已經實際體驗過好幾次。

　　撇開交易買賣不說，行銷的影響力之大，讓我實際感受到那獨一無二又特別的力量，這正是行銷才能辦得到的狀態。

　　做生意原本就是腳踏實地的行為，狀況好時能獲得相對應

的成果。當然行銷也是個需要默默耕耘的行為，如果兩者能完美搭配運用，便能體驗到「明天起將會是完全不同的世界」的可能性，這就是行銷所帶來的效應。

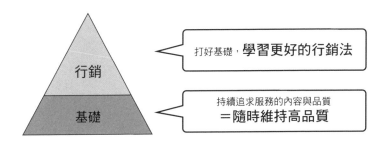

不過有一點必須要特別留意。行銷和廣告的差別在於，行銷無法自己控制發文的內容。

行銷是增加顧客主動按讚（推薦）和做口碑的活動。反過來說，如果產品本身不好，反而會導致增加壞口碑的風險。

我也會在行銷補習班一開始上課前告訴所有學員，**有件事必須在做行銷前要努力做到**，那就是「**強化產品品質和產品力**」。提升產品力，自然能將行銷技巧發揮到最佳狀態。

認真做出好的產品、好的服務，同時做行銷。正因為有這兩項相輔相成，才能飛往至今從未看過的世界。而且幾乎不用花任何一毛錢的行銷，即可打造出這種狀態。

你或許能創造出自己也從未想像過的未來，難道你不想嘗試這種魔法般的技巧嗎？

POINT

在好的產品、好的服務與行銷的相輔相成下，才能開拓新世界。

廣告也需要行銷的理由

　　行銷與廣告的不同，一言以蔽之，行銷是他人推薦，廣告是自我推薦。

　　「這有被雜誌介紹過」、「這在購物網站的排行榜是第一名」，行銷是靠第三者的評價來累積信賴感，提升品牌力。可以做到即便不銷售也能自動販賣產品的狀態。

　　透過媒體報導和顧客評價等他人推薦，會讓更多的顧客有「這就是刊登在雜誌特輯的鍋具啊，好像很好用！」「這在購物網站的評價有 5 顆星耶！應該是不錯的產品吧。」這類的想法。行銷幾乎不用花費任何成本，就能營造出「生意興隆的狀態」。

廣告	行銷
	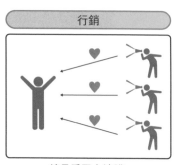
總是自我宣揚的狀態	總是受眾人擁護

　　不過，要慢慢提高自己的評價是場長期抗戰。要實際看見營業額提升，還要花點時間。就像社群帳號的粉絲人數不可能一口氣暴增到 100 萬人一樣，重要的是花時間將產品及服務品牌化。

　　另一方面，廣告像是不斷向路過的人發傳單，「總是維持自我宣揚」的狀態。雖然這麼做沒什麼不好，但終究不會讓更多人支持「你」或「你的服務」。

　　廣告當然沒有不好，而是有效運用廣告要有訣竅。例如電視廣告，「這個飲料營養又好喝」，能將產品的魅力和賣點做到眾所皆知是廣告的優點。但這不過是單純的自我推薦。

　　現今社會，產品或服務若沒有第三者的口碑帶出的實際成果（他人推薦），消費者根本對你不屑一顧。因為有「八成的回購率」、「銷售累計○億個」、「各大媒體爭相介紹」這類的實際成果，才會讓消費者覺得：「原來賣得這麼好啊！」藉此獲得信賴，才能吸引消費者。

　　廣告也要搭配行銷的力量，這是現在開始的新常識。

> **POINT**
>
> 製作打動目標客群的行銷方案，打好基礎才能靠行銷活動培養粉絲。

利用行銷提升品牌力

一人行銷公關，
也能改變公司產品的命運

　　我實際體驗到行銷的威力，是在我轉職後的公司做業務時。

　　當時，我在東急手創館（TOKYU HANDS）負責店面銷售的工作，但負責的產品知名度很低，我便竭盡所能拉開嗓門向顧客叫賣產品。不過這畢竟算是高價產品，即使我再怎麼努力，一天也不一定能賣出一個。此時，我看到隔壁的知名廠商也在販售類似產品，即使沒有駐點銷售員，還是有消費者主動上門詢問：「我是看到雜誌才來買的。」一個星期就自動賣出 30 ～ 40 件產品。這才讓我領悟到品牌力的威力。

　　因此，在考量到沒有預算打廣告還能做什麼的情況下，我憑藉著不花一毛錢就能做的行銷，創造出受消費者青睞的品牌。

　　就像隔壁的知名廠商一樣，我要打造出受多家媒體採訪、眾所皆知的有力品牌。在我開始一心致力於行銷活動約三年後，這項產品已成為具有話題性的品牌。不僅是東急手創館，連其他店家和網站也有在販售，即使沒有駐點銷售員，消費者也會指名購買這項產品。簡直達到了我的理想目標。

　　此外，在作者序中提到的丹後小姐，也是因為行銷活動，改變公司及產品命運的其中一人。

　　五年前，丹後小姐想向老家愛媛縣今治市做出貢獻，繼承

了原本預計要歇業的毛巾工廠事業。不過，要從 0 營業額、0 合作對象重新起步，卻比想像中的還要嚴峻。工廠在半年內呈現完全沒有訂單、資金也不斷流出的狀態。

因此，丹後小姐報名行銷補習班學行銷，製作新聞稿。獲得《愛媛新聞》和《日經 WOMEN》等媒體報導，她也活用了這些實際成果，提升了品牌力。

丹後小姐不僅積極參加女性雜誌的活動，還將自家的毛巾當作公關品並附上親筆信送給模特兒及作家，也因為她一點一滴從事行銷活動，今治毛巾被雜誌報導為「人氣模特兒及作家的愛用品」，也成為了人氣品牌。

因為有這樣的背景，丹後小姐獲得了「日經 Women of the year 2019（日經年度女性）」的殊榮，從原本繼承事業只有 6 名員工的公司，擴展成有 30 人規模的公司。今治毛巾甚至在聚集了全國高級品的知名百貨公司內也成為了常設產品，還與女性雜誌《VERY》合作聯名商品。

從以上的範例再次證明，即使只有 1 人的行銷公關，也能做到如此巨大的變化。

▶ POINT ··

　獲得多數媒體報導，除了能提高認知度和品牌力外，還能得到消費者指名購買。

把媒體人變成你的粉絲

我第一次為企業做行銷規劃，實際感受到行銷的過人之處後，開始想嘗試將行銷技巧運用在不同的地方，因而踏上了第二次的轉職之路。進入了鍋具公司「唯米樂」（VERMICULAR，愛知 DOBBY 株式会社）。

由於我的工作經驗裡曾有過第一間公司的成功案例，於是我確信：「一定要讓媒體人變成唯米樂的粉絲，才能使唯米樂的命運產生劇烈變化！」

當然，首先要從小型媒體獲得曝光開始，但坦白說，光是這樣無法馬上締造數億元營業額。

事實上，締造巨額營收的媒體報導有法則可循。即是「**品牌故事、產品特色、實際成果**」（行銷設計），**當你能夠深入且慎重地介紹這三件事，便能創造龐大的營業額**（將在第 2 章詳細介紹行銷設計）。

為了能做上述的介紹，首先得讓媒體人變成唯米樂的粉絲，這就是我的任務。

實際拜訪媒體記者時，除了一定要帶新聞稿外，也務必帶上一只唯米樂的鑄鐵鍋去做介紹。可以仔細向記者傳遞產品的研發秘辛和公司的故事。如此一來，才能讓媒體人一個個變成

產品的粉絲。

電視的影響力雖大，想曝光的難度也很高，但有愈來愈多新媒體開始報導最近流行事物的傾向，與其接近難度較高的電視媒體，不如從網路新聞、在地媒體開始著手。累積小小的報導成果，建立信賴感。

我慢慢累積小型媒體報導的成果，花了約一年的時間，終於接到了在全國播放的電視台採訪邀約。透過電視台播放至全國的結果，唯米樂鑄鐵鍋變成了至少要等上 12 個月才會到貨的熱銷產品。詳細情形我會在法則 5（P.24）介紹，我稱之為「香檳塔法則」。

體驗過兩間公司因為行銷所帶來奇蹟，使我更著迷於行銷的魅力，憑著一股想讓更多人了解行銷的氣勢，我將目標擺在自立門戶。

我沒有認識創業家和經營者，當然我連經營方面的知識都沒有。但我憑藉兩間公司培養出來的行銷力，獲得了電視台主辦的講座企劃製作，以及知名財經雜誌的行銷連載，和媒體人建立起信賴關係。也因為和媒體人成為了工作夥伴，在我所創立的行銷公司 LITA 成為上市公司不久後，便得到大型企業指名作行銷顧問，並慢慢成長為合作關係。

POINT

讓媒體人了解產品的魅力，累積媒體報導的成果，再慢慢接觸影響力巨大的媒體。

要提升媒體報導效果，絕不能少了社群貼文

　　所謂的「香檳塔法則」，是從在地情報誌→在地新聞→在地電視台、雜誌→全國電視台，如同香檳塔般，由小型媒體開始慢慢獲得影響最強的媒體報導，建立品牌形象的流程。以前雖然只能從報紙電視這類傳統媒體著手，但現代社會還能加上社群平台貼文等管道。

　　假設你的產品只被地方報紙報導出來，你若不用社群平台或公司官網將報導的事散布出去，就只會讓偶然讀到那份報紙看到報導的人對你有所認知，再也不會再向外擴散。但如果利用電子報或社群平台發送媒體報導的訊息，便能讓不知道報導的人得知訊息，提高信賴度。

　　此外，曾實際消費過的 VIP 客戶得知媒體報導後，還能促使他們產生回購的念頭。**在社群平台上發出媒體報導的貼文，不僅能提升營業額，還能提高社群帳號的信賴度。**

　　同時，還能利用媒體報導打造自己是「業界專家」的形象。例如你在分析社群平台的報導被雜誌刊登出來，世人就會對你產生「這是媒體也認同的社群平台專家」的印象。把報導成果靈活運用在 B2B 業務上，也能增加與企業的合作關係。

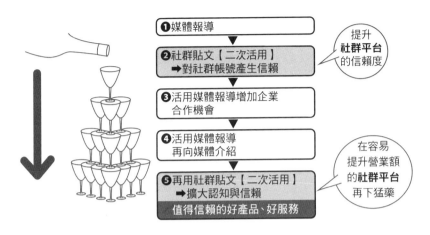

不只是顧客和一般企業，報導成效對媒體人也很重要。最近的媒體記者在採訪前一定會先檢查採訪對象的社群帳號。因此**在社群平台發出報導成果的貼文，更易取得下次媒體採訪的機會**。然後再把獲得大型媒體報導的成果發布在社群平台上，更能提高認知度和信賴度。

如果沒有意識到社群平台 × 媒體行銷的香檳塔法則，只會得到「雖然有媒體報導，卻沒什麼效果」的結果。

媒體報導→社群貼文→值得信賴的社群帳號→活用報導成果增加企業合作機會→大型媒體報導→再發出社群貼文。在社群時代，做到這一步才開始有意義。

▶ **POINT**

透過社群貼文發出媒體報導的消息，除了顧客和合作對象外，也能提升媒體人對你的知名度與信賴度。

營業額會變動，實際成果會留下

我現在自立門戶第五年，公司上市後也迎來了第三年，事業當然不是一開始就一帆風順。在擴大個人的事業版圖時，我也有打造香檳塔的過程。

在我創業後首先注意到的是，**創業初期不能執著於營業額**。營業額固然重要，但為了成為能被消費者愛戴的品牌，絕不能少了實際成果。

當我有過兩間公司擔任行銷公關的經驗後，對此事更有強烈的感受。於是在創業第一、二年，卯足了勁拚命做出成果。

我首先執行以優惠價格做行銷諮詢的服務，再把與顧客的合照和顧客接受諮詢的感想刊登在部落格上。

雖然諮詢費用設定得很低，但我還是針對每位顧客花上超過五小時的準備時間，為了提高顧客的滿意度，徹底執行講究的行銷諮詢。雖然心裡很想提升營業額，但還是壓抑住焦急的心，逐步踏實地持續在部落格發表實際成果的文章，即便只有 1 人的行銷公關，還是建立起實際成果和信賴感。

在進行實際拜訪的行銷活動時，對我而言一個很大的轉機降臨了！那就是東海地區的中京電視台（日本電視台聯播網）

所舉辦的「女性學習講座」的企劃製作。

　　能實現這項企劃，也是我逐一拜訪的行銷活動所賜。我除了持續逐步做出實際成果外，還同時積極地向媒體人自我推銷交換資訊，因此建立了人脈，才能得到向中京電視台的負責窗口做企劃提案的機會。

　　而我提案的「女性學習講座」，得到中京電視台內部評比的第一名，正式決定進行企劃製作。不僅有來自日本全國各地的女性，甚至還有海外人士也來參與，開講一年半就吸引了 900 多名學員前來，講座成功落幕。

　　有了大企業的實際成果做後盾，我獲得了財經報紙一年內的專欄刊登機會。而且有了此實際成果成為提升信賴度的材料，也決定在財經雜誌《日經 Top Leader》刊登連載文章，也獲得了第一次出書的機會。

　　會有如此成果，都是我在創業以來的兩年內，從香檳塔法則的第一步驟專心做出實績才能達成。

　　營業額每年都會變動，實際成果卻能不斷累積。然而實際成果才是打造香檳塔的重點。

POINT

　　自立門戶及創業初期，比起營業額更應重視做出實際成果，專心做好香檳塔。

打造「香檳塔」不可少的要件

在法則 6 所說的，做出實際成果，對我而言，就是我要打造香檳塔的絕對條件，也是我的目標，就是要讓「行銷補習班座無虛席」和「補習班學員人數成長」這兩件事。

為了達成這兩件事，首先要做出能充實補習班內容的行銷教科書。每年的教科書內容都會進行改版，自開課到現在的五年內，我從未使用過同一本教科書。

我不只傳授行銷技巧，還規劃出如何獲得採訪和提升營業額的個別輔導時間，致力於用心協助學員。也因為我持續朝著提升品質的目標前進，才能打造出讓 83% 的行銷初學者學員，都感到滿意的行銷補習班。

或許你會覺得這好像沒什麼，但憑藉提升行銷補習班的品質，和累積學員上課感想的社群貼文，**才能造就行銷補習班在五年內不花錢打廣告，單憑社群平台吸客就讓每次的講座場場爆滿**。

我不僅因此得到「很多人報名又有效的行銷補習班」的評價，也獲得媒體報導的機會。LITA 的事業版圖逐漸擴大，也實現了以行銷代理的方式與包含大型企業等超過 100 間公司的合作關係。這期的業績也以達成目標營業額五億日圓的速度飛快

提升，員工數已超過 10 名，公司規模持續成長中。

　　首先要**發出顧客心聲之類的實際成果社群貼文**，並**持續提升產品及服務的品質**。這就是行銷基本中的基本。慢慢累積顧客的他人推薦，必能帶你進入香檳塔的下個階段。

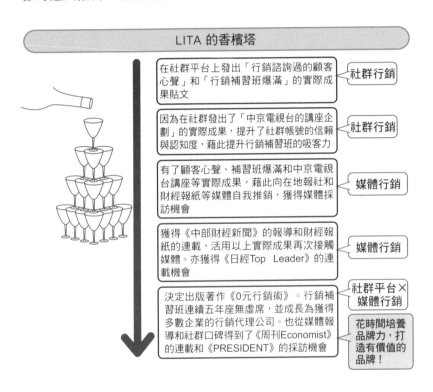

LITA 的香檳塔

在社群平台上發出「行銷諮詢過的顧客心聲」和「行銷補習班爆滿」的實際成果貼文 ── 社群行銷

因為在社群發出了「中京電視台的講座企劃」的實際成果，提升了社群帳號的信賴與認知度，藉此提升行銷補習班的吸客力 ── 社群行銷

有了顧客心聲、補習班爆滿和中京電視台講座等實際成果，藉此向在地報社和財經報紙等媒體自我推銷，獲得媒體採訪機會 ── 媒體行銷

獲得《中部財經新聞》的報導和財經報紙的連載，活用以上實際成果再次接觸媒體。亦獲得《日經Top Leader》的連載機會 ── 媒體行銷

決定出版著作《0元行銷術》。行銷補習班連續五年座無虛席，並成長為獲得多數企業的行銷代理公司。也從媒體報導和社群口碑得到了《周刊Economist》的連載和《PRESIDENT》的採訪機會 ── 社群平台×媒體行銷

花時間培養品牌力，打造有價值的品牌！

POINT

只要能做好行銷基礎，就能打造屬於你自己的香檳塔。

不花錢從沒沒無名變聲名大噪的方法

學習符合時代需求的
行銷技巧

之前我曾說過：「著手行銷前最重要的是強化產品力」。但不論再好的產品或服務，只要沒有名氣，就無法被人看見。

要怎麼做才能出名呢？

出名的關鍵就在於：

●**媒體曝光**

●**社群貼文**

只要做這兩件事，都不用花錢，也就是 0 元行銷就能有如此強烈的效果。行銷補習班也用了這套組合，有許多學員受益良多，不僅獲得影響力十足的媒體報導，還提升了營業額。

十幾年前光靠媒體曝光還沒有顯著的效果，但現在的人們，一天之中使用智慧型手機的時間有逐年增加的趨勢，從電腦和智慧型手機獲得資訊的人，現已增加為五成。從數據顯示就能明白，不能光靠傳統媒體，也要有在社群平台上貼文的意識。現在正處於**必須同時兼具社群貼文和媒體曝光，才能從沒沒無名變聲名大噪**的時代。

報名行銷補習班的自營業者和中小企業之中，有些是靠過往的業務活動和廣告吸客，但受到疫情影響無法面對面銷售，營業額低靡，即便削減廣告經費也無計可施。但他們因為學習了行銷技巧，獲得媒體報導、社群平台上的口碑增加、營業額提升，行銷可說是大大改變了公司的命運。

媒體總接觸時間的時間演變
（一天之中、一周平均）

■電視　■廣播　■新聞　▨雜誌　■電腦　▨平板電腦　■傳統手機　■智慧型手機

※媒體總接觸時間，是各媒體接觸時間的總計。並排除和各媒體接觸時間不明的有效回答中計算得出。
※2014年起，將「用電腦上網」變更列入「電腦」分類；「用傳統手機（包含智慧型手機）上網」個別變更列入「傳統手機、智慧型手機」分類。
※平板電腦從2014年起開始調查。
出處：博報堂DY傳媒夥伴媒體環境研究所「媒體定點調查2021」。

在這個年代，若能習得適當的行銷能力，不僅是品牌形象策略，還能提升營業額和產品的認知度。

只要有媒體行銷和社群貼文，**任何公司幾乎都能不花經費，一個舉動就能改變公司的未來**。不要因為「沒有預算就什麼都辦不到」而放棄行動，即使只要實踐 1 項法則也好，讓我們一起開創未來！

> **POINT** ....

如今光靠媒體曝光不能提高知名度。現在是社群貼文和媒體曝光必須同時並行的時代。

社群時代 ✕ 後疫情時代能存活下來的關鍵

　　因新冠肺炎的疫情擴大，日本政府發出了好幾次的緊急事態宣言，在這一年內，生活及工作產生了巨大的變化。即使是遠距工作，在無法面對面銷售的狀況下，只要有行銷技巧，就能打造出讓產品或服務自然售出的狀態。在沒有廣告預算的企業不斷增加的現在，今後只會愈來愈需要行銷技巧。

　　近年智慧型手機的普及，使得人們能簡單直接取得想要的資訊，用社群平台確認產品評價更是理所當然；另一方面，不易直接取得想要資訊的電視和報紙這類的傳統媒體，對年輕族群的影響力也持續降低。

　　話雖如此，傳統媒體的優先使用度還是很高，且信用度還是十分出眾。因此，如今的行銷手法更應該重視跨媒體行銷策略。

　　跨媒體行銷策略，即是在電視、報紙、雜誌、網路和社群平台等各式各樣的媒體，改變不同的表現方式在媒體上曝光，並整合起來帶動銷售的策略。

　　前述的「香檳塔法則」就是活用跨媒體行銷策略的手法。透過社群貼文 ✕ 媒體行銷提高認知度，累積信賴感再獲得媒體

報導，再重複活用實際成果。這正是現在不可或缺的思考模式。

　　然而，要將此項法則的力量發揮到極大值，「要讓顧客看到怎樣的人、服務或產品，要如何打動顧客的心？」建立策略的行銷設計力也很重要。

　　我認為現在的行銷公關，必須擁有①媒體行銷②社群貼文③行銷設計這 3 種技巧，無論在何種情況，都能打造出受消費者喜愛的公司或產品。

　　活用這些技巧好好地做行銷，便能創造出營業額提升 100 倍的爆炸性成長、預購要等上 12 個月的熱銷產品。

　　反言之，若沒有活用媒體的力量，別說是跟不上現在的社群時代 × 後疫情時代了，就連企業的存亡也岌岌可危。只要你了解這個策略，危機也能變轉機。

　　請務必將這 3 種技巧好好學起來，並從第 2 章的法則開始一步一步實踐。

POINT

　　要利用跨媒體行銷策略提高認知度和品牌力，實踐行銷手法的①媒體行銷②社群貼文③行銷設計的技巧非常重要。

第2章

做出打動人心
的行銷設計

哪一種產品說明能打動人心？

著手行銷前要先懂得製作「行銷設計」

在你躍躍欲試行銷時，接下來終於要製作新聞稿了？還是要在社群貼文？先別急，在那之前還有些事必須要做。那就是「**將產品或服務的魅力化為語言**」。若不轉化為「有魅力的語言」，不管你學了多少行銷手法都做不出成果，也完全無法打動對方的心。

如果人家問你：「請說出你的產品魅力。」你要怎麼說明呢？我想多數人都會說明「產品的強項（特色或性能）」。但光是如此，只會讓對方有：「原來如此，好優秀的產品。」的想法，卻無法打動對方的心。

那麼，什麼是打動人心的「產品說明」呢？

即是將產品的過去、現在、未來的整體面貌，以「**產品的故事（事業起源、顧客心聲、未來目標）**」來包裝說明。再加上情感的起伏，即成為打動人心的產品說明。

行銷上最重要的就是將產品的魅力化為語言，也就是「**把產品的魅力用毫不保留且能正確傳達的語言攻陷消費者**」。我將這方法稱之為「**行銷設計**」。為了讓大家都能把行銷設計學得滾瓜爛熟，我拆解成了 6 個步驟的法則。

我非常重視這套行銷設計。在建構打底時若沒有考慮到行銷策略，會整體崩盤。

這套行銷設計也算是商業活動的基本，有許多學員光是聽過行銷設計的講座，就提升了營業額。報名行銷補習班的學員中，有位年收 100 億日圓規模的企業經營者，他馬上看出行銷設計的重要性，立即改造公司官網，也將此項技巧活用在業務手段上，使營業額產生了巨大的變化。

照著 6 個步驟製作行銷設計，請務必將這項技巧活用在媒體行銷、社群貼文、業務、官網和資料製作上。必能為你開啟擴大事業版圖的未來。

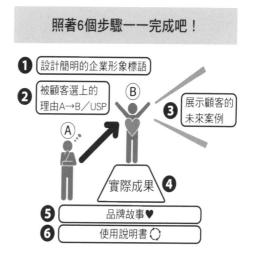

❶	設計簡明的企業形象標語
❷	被顧客選上的理由 A→B／USP
❸	展示顧客的未來案例
❹	實際成果
❺	品牌故事
❻	使用說明書

照著6個步驟一一完成吧！

❶ 設計簡明的企業形象標語
❷ 被顧客選上的理由A→B／USP　Ⓐ　Ⓑ
❸ 展示顧客的未來案例
❹ 實際成果
❺ 品牌故事♥
❻ 使用說明書〇

POINT

製作打動目標客群的行銷設計，打好基礎才能靠行銷活動培養粉絲。

你提供什麼樣的服務／產品？

我們接著按照這 6 個步驟來做行銷設計吧！

步驟①的「設計簡明的企業形象標語」換言之，就是**用一句話簡單說明你的服務／公司**。重點是把「用耳朵聽就能理解的語言」寫成文字。

今後一定會遇到有媒體突然打給你的時候，記者一定會問你：「可否用一句話來形容你的服務？」此時**讓沒有事前資料的人，不須補充說明，聽一遍就懂**便顯得非常重要。書面文字就算有點多，反覆閱讀就能理解，但僅憑口頭敘述，則建議不用專業術語、簡單好記、愈短愈好。

像是 KPI（Key Performance Indicators，關鍵績效指標）和 ROI（Return On Investment，投資報酬率）這類的英文縮寫簡稱，用聽的很難理解。會搞不清楚你在說產品還是服務，就連是什

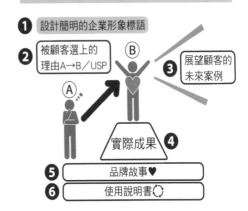

照著6個步驟
一一完成吧！

❶ 設計簡明的企業形象標語
❷ 被顧客選上的理由A→B／USP
Ⓐ
Ⓑ
❸ 展望顧客的未來案例
實際成果 ❹
❺ 品牌故事♥
❻ 使用說明書○

麼類別都分不出來。即使聽你講述實際成果和故事，也會在無法理解的狀況下結束採訪，白白浪費了一次大好機會。

我的公司 LITA 的企業形象標語是：「讓你從沒沒無名變聲名大噪的行銷公司」。**最後的名詞很重要**。

而 Oisix（日本生鮮電商）的企業形象標語是：「新鮮食材的定期宅配服務」；air Closet（日本服飾出租公司）的企業形象標語則是：「會員月費制的服飾租借服務」。只要聽這麼一句話，即可知道你的產品或服務類別。如果連是怎樣的產品或服務都不清楚，步驟②之後的行銷設計便無法明確傳遞。所以企業形象標語最後的名詞一定要明示出服務類別。

重點是要用國小六年級也聽得懂的簡單形容詞來說明你的產品或服務。

行銷補習班
➡ 如何從沒沒無名變聲名大噪的長期行銷講座

air Closet服飾出租
➡ 會員月費制的服飾租借服務

Oisix生鮮電商
➡ 新鮮食材的定期宅配服務

POINT ┈┈┈┈┈┈┈┈┈┈┈┈┈┈┈┈┈┈┈┈┈┈┈┈┈┈┈┈┈┈┈┈┈┈┈┈┈┈┈

想出一句不須事前資料和補充說明，只聽一遍就能讓對方理解產品或服務類別的企業形象標語。

行銷設計的 6 個步驟② –1
被顧客選上的理由

傳達使用你的服務／產品的顯著差異

我們來思考步驟②「被顧客選上的理由」的第 1 項：「使用前後的變化」。

簡單來說，即是要說明**「原本是 A 的顧客，使用你的服務會變成 B」的變化過程**。

最理想的方式是，用文字具體描述顧客在使用你的服務後達成什麼樣的結果，再加上確保顧客能達到某種程度的文字。

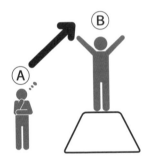

（舉例）

· 從未減重成功過的人，在三個月內學會不復胖的減重法。

· 不會說英文的人，也能在三個月內學會一個人去國外旅行的英文程度。

· 能讓晚上睡不好、隔天早上沒精神的人，也能一覺熟睡到天亮，隔天一早神清氣爽。

如上述的例子，將顧客使用你的服務後，「原本是 A 的人

會如何變成 B 的過程」用文字描述出來。這不僅在銷售時會用到，也是在介紹服務時一定會用到的一句話。畢竟**顧客會針對自身的「變化」掏錢買單**。

比如說，買了昂貴精華液的人想要體驗「用了這款精華液肌膚會吹彈可破」的變化；會報名上行銷補習班的課，也是為了追求體驗「學習利用行銷變有名的方法來轉職、透過媒體曝光來成名」的變化。人要看得見變化的價值才會掏錢。

不過這裡有一點要非常注意，必須**專注在「能從這項服務中得到的直接效果」**。

以行銷補習班的例子來說，就無法向顧客承諾「交得到男朋友」這件事。或許會因為使用行銷補習班的服務而得到自信，變得很會在社群上發文因而交到男朋友，但我從來不會發出「報名行銷補習班能交到男朋友」的公告文，也不會對顧客做出此項承諾。

所以請寫下在使用服務後一般而言會得到的成果。

參考以上的例子，請用一句話來說明：「使用你的服務，能得到什麼樣的變化？」

POINT

透過把你的服務會讓顧客實際感受到的變化轉化成文字，便能明定「選擇這項服務的理由」。

行銷設計的 6 個步驟② –2
被顧客選上的理由

明確獨特的銷售主張
（Unique Selling Proposition，USP）

接下來是步驟②「被顧客選上的理由」的第 2 項：「**獨特
的銷售主張（USP）**」。

「USP」簡單來說就是，「**你的服務與以往的服務有何差
異？**」在接受採訪時，這是必問項目：「您的服務真是不錯。
請問有什麼特色嗎？與其他企業有何不同？」呈現出差異化

USP 是指在提升顧客
對產品的購買欲望階段
時，將自家產品與其他產
品做比較。

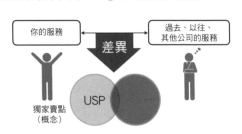

先思考其他公司的類似產品和自己以前的服務，有什麼項
目可以做比較。

重要的是將自家產品和「其他公司所沒有的獨創部分」，
當作「獨家賣點（概念）」來表達。

我們實際將競爭對手的「缺失、普通」之處寫出來。也可
以將「自己以往的服務缺失和普通之處」寫出來。

以下的例子就把一般公關研討會的缺點挑出來。「其他公

司大多是單方面看影片的研討會，事後無法重看影片複習。」「行銷補習班則是採取雙向互動式講座，結業後還可以重複看好幾次的影片，以及可翻閱代替參考書的教科書。」以比較的方式來書寫。

書寫順序可**先針對過往的服務「以客觀的視角感到負面的部分」來寫**，之後再思考自家產品或服務的優點會比較好寫。透過比較的方式，可以確立自我宣揚的重點，也能更突顯產品或服務的特色。

請實際想出 3 ～ 5 項的比較條例吧！

STEP 1 寫下過往服務的「缺失、普通」之處	STEP 2 寫下你的服務的「優點」

和1做比較

以往的服務	你的服務
（例）一般的公關研討會	（例）LITA主辦的行銷補習班
1. 以媒體行銷為主的講座。	1. 可以學習媒體行銷、社群行銷、出版傳媒、行銷設計和品牌管理，以及現代必備「提升品牌力」的認知活動。
2. 雖然可以吸收知識，但無支援實際執行，無法馬上行動。	2. 在講座期間到結束後能立即行動。
3. 沒有角色扮演練習。	3. 講座期間有角色扮演練習，能馬上執行計劃。
4. 沒有可以重複觀看的教科書或影片，實際行動時無法再次確認。	4. 結業後，手邊還有可重複觀看取代參考書的教科書及影片，不會感到不安。
5. 短期講座很多，實戰時遇到困難無法諮詢也沒有導正服務，不僅感到徬徨無助，問題也無法獲得改善。	5. 一年內可隨時回補習班修正、諮詢，可毫無猶豫立刻行動。
6. 線上教學只能與講師一對一交流，易感到孤獨，難維持學習動力。	6. 可利用學員專屬的資訊交流平台與全國學員交流，團隊一同成長。

▶ POINT

透過與以往服務的差異比較，更能突顯自己服務的特色，也能知道自我宣揚的重點。

向顧客展示他們無法預測的未來展望

　　步驟③「顧客的未來案例」的意思是，「使用你的服務後，顧客能有何種感受？能看見怎樣的未來？」簡言之，向顧客展示「使用你的服務後，或許能開啟你從沒想像過的未來！」的「未來案例」。

　　為了實現「未來案例」，重點是要按照「想實現的目標」去執行。

　　雖然在步驟②有寫到：「確保顧客能達到某種程度上的承諾」，即使無法承諾也無所謂。但要營造出**「原來會有這種未來，好期待！」**的雀躍感很重要。照著心裡的想法，寫下會打動人心的未來案例吧！

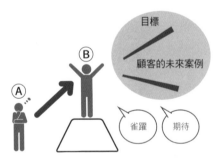

　　例如說：「透過行銷一口氣提升了知名度，電視台邀約如雪片般飛來，工作都安排到三年後了。」「因為行銷，提升了營業額，還蓋了辦公大樓。」「辭去工作後，自立門戶成為行

銷自由工作者，在家兼顧育兒還能月收百萬。」可舉以上的未來可實現的目標案例。

以我個人為例，我的未來展望是：「貢獻我的行銷力，讓所有人和企業都能開花結果。」由此可知，上述的未來案例都與我的展望一致。

為什麼未來案例如此重要？因為你只會吸引對你展示的未來案例有興趣、會產生共鳴的人，但無法擴展目標客群。

以前會報名行銷補習班的學員，都是以創業家為主。因為以前我只向顧客展示：「只要上過行銷補習班的課，便能實現社群吸客和媒體報導的成果，提升營業額。」的「創業家未來案例」。

不過，有時候會出現想自立門戶從事行銷工作，或是想轉職的學員，這時我才發現：「原來還有這種未來案例啊！」之後，我便開始向顧客展示「即使沒行銷經驗，也能成為行銷自由工作者」的未來案例，如今想把行銷當工作來報名上課的學員，已和創業家的學員人數差不多了。

向顧客展示未來案例，在擴展客群的意義上也十分重要。其實有許多顧客並不知道自己還能有這麼多種未來的可能性，請務必將更多的未來案例化為語言。最好不只準備實際案例，若能將顧客的未來樣貌也包含在內，能舉出三種案例會更好。

▶ **POINT** ....

在顧客想像未來的同時，向他們展示令人雀躍的未來案例。為了擴展客群，重要的是如何從各個角度去思考未來案例。

行銷設計的 6 個步驟④
實際成果（1）

直接吸引媒體及
大眾的注目

接下來終於要到步驟④了。實際成果在行銷設計中屬於最重要的一環，在此大致分成【概要篇（1、2）】和【實踐篇】三項來個別介紹。

實際成果，即是「第三者對你的產品或服務有何種評價，會不會購買？」

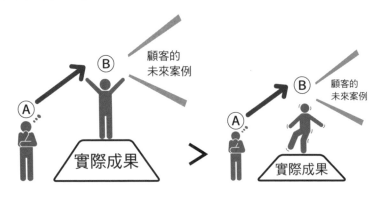

▲展示累積的實際成果要比自我推銷更有說服力

當你在行銷時，如果單純自我推銷，自賣自誇：「這個精華液很好用喔！」這麼做無法打動人心。重要的是，**讓第三者代替你推薦產品：「這個產品很好用喔！」（他人推薦）**。為

什麼實際成果如此重要？因為媒體與大眾，在採訪你或購買你的產品時，一定會先上網搜尋你的產品，確認是否有實際成果。

實際成果不僅限於被電視節目介紹、或是被刊登在雜誌特輯等媒體曝光，還有使用者口碑和顧客經驗談。而且實際成果遠比自我行銷的文章還值得信任。

此外，為了吸引對方的目光，實際成果也很重要。

如果有人要向你推薦精華液，你認為誰向你推薦，並以什麼方式說明會讓你感受到產品的魅力呢？

與其向你說明：「這是從嚴選出的有機材料以特殊工法萃取提煉的精華液。」倒不如和你說：「這是知名女性雜誌《VERY》特輯裡介紹的精華液。」「這是許多女演員和美容業者都愛用的產品。」更會讓你產生「連那位膚質好的人都有在用啊！我也好想試試看！」的想法。

為了吸引目光、獲取信任，必須將實際成果擺在第一順位，再來才是說明產品特色和與其他公司作差異比較。請務必謹記此順序。

因為你「一開始先拿出實際成果」，媒體人對你的態度會明顯不同。所以這是非常重要的項目。無論是自我介紹、公司官網還是業務資料，請隨時要有先刊登實際成果的意識。

POINT

媒體曝光和口碑等實際成果（他人推薦），才能吸引顧客的目光，提升信任感。

016

行銷設計的 6 個步驟④
實際成果（2）

展現出附有專有名詞和
數字的實際成果

傳遞產品的優點，與其列出一堆特色，應優先展示值得信賴的實際成果。那麼，什麼是值得信賴的實際成果？——**附有專有名詞和數字的實際成果。**

專有名詞	數字
· 奧運金牌得主○○○的愛用品	· 已有 4,000 位報名聽課
· ○○大學和○○（企業名稱）也在研修	· 使用後，有多達 98% 的消費者變得○○
· 第一名模○○○也在使用	· 學員就職率高達 90%

雖然初期很難拿出數字，但可以將「上課後，學員取得○○資格。」「生活變得好輕鬆。」之類的顧客心聲也加入實際成果內，等累積到有實際成果後，便能將顧客心聲換成「已有○人報名聽課」、「達到○％」等數字成果。切記要經常審視並更新實際成果。不管是什麼企業，都是從得到第一位顧客心聲後才踏出第一步。

銷售產品前**尚未有實際成果時**，建議可從經營者以往的實際成果，或履歷中的實際成果挑幾個案例展示出來。

沒有實際成果也不必哀聲嘆氣，轉換成就算沒有實際成果

就想辦法生出來的認知去執行。

　　我自己的自我介紹中，實際成果就占了七成。即使完全沒記載行銷補習班的特色，只要有實際成果便能傳遞出產品的魅力。第三者的口碑和數字的實際成果，不僅能提升說服力，也是產品最值得信賴的品質保證。以下為我的個人簡介範例：

【公關企劃 笹木郁乃】

　　（重視實際成果前）經營行銷補習班，針對創業家和經營者傳授對行銷的認知及提升營業額的祕訣。在行銷補習班，能學習到行銷上的市場定位、行銷認知、產品行銷、社群行銷、媒體行銷等強化行銷與商務的內容。

　　（重視實際成果後）我是笹木郁乃。我是曾利用行銷讓 A 公司在五年內，年收以 100 倍急速成長的公關企劃。另外，我用自身打造的行銷策略，將資本額 10 億日圓規模的鍋具廠商所製造的主力產品，捧紅成預購要等上 12 個月的熱銷產品。之後自立門戶，在這五年內親自指導超過 5,000 位的經營者和創業家行銷祕訣，主辦的「行銷補習班」是每個場次都近乎爆滿的熱門講座。此外，也與包含了大型企業等超過 100 間的公司有行銷合作關係。

▶ POINT ◀ ....

在個人簡介裡、簡短扼要說明產品時，七成都要塞滿實際成果。

從實際成果
了解自己的過人之處

　　現在來想一下自己的實際成果。簡單來說，就是把你的「過人之處」化為語言。

　　建議將這項工作交由別人負責。因為你**自己認為的「過人之處」實際成果，和別人認為「你的過人之處」的實際成果會有所差異。**

　　這項作業要以目標客群的感覺為主。**大約請 3 個人來協助你，確認出你的客群認為你的「過人之處」**，再將獲得最多支持的實際成果拿出來展示。

（自己的實際成果範例）

- 回購率 90%
- 有 300 件以上的行銷顧問實際成果
- 執行與政府行政單位的合作企劃
- 主辦講座 1 ～ 10 期皆座無虛席
- 已彈奏鋼琴 25 年
- 三個月內的行程已排滿
- （顧客心聲）報名這個講座已讓我的營業額提升兩倍
- （顧客心聲）聽從○○○的建議執行後，變得△△△

　　按照以下三個步驟，從自己的實際成果了解他人對自己的評價。請將自己的實際成果毫無保留地一一寫出來。

①寫出 10 項自己的實際成果。

②按照人物誌＊設計法，將你認為的「過人之處」按照名次標上數字。（為了取出平均值，至少要請三個人做問卷。）

③詢問他們排出這個順序的原因。

　　對方所排列出來的「過人之處」順序，是否和你想的不太一樣？**從對方為何要如此排列的理由中，你一定能找出自己沒發現的魅力。**

　　行銷補習班也很常做這項工作，我自己認為最具影響力的實際成果，和他人對自己的評價竟有高達 70% 的差異。藉由他人對自己的評價，在現有的實際成果上發揮行銷效果吧！

　　另外，實際成果的數量愈多，影響力愈強，愈能產生信賴感。看過法則 14「向顧客展示他們無法預測的未來展望」的人，如果產生「畫這麼大的餅，真的沒問題嗎？該不會是在自吹自擂吧？」的想法時，再拿出實際成果給對方看，「原來是真的啊！值得信任呢。」能成為使人放心、接納的資料。

　　所以平常在官網、社群平台和部落格發文時，一定要具有讓顧客最先看到實際成果的意識。

＊編註：人物誌（Persona）。規劃人物誌是做「社群行銷」的第一步，也是最重要的環節。「人物誌」是一個半虛擬的人物，是一份用來「詳細描述」目標客群的資料。簡單來說，就是在幫助我們釐清那些既有消費者、潛在消費者的「具體形象」。

▶ **POINT** ⋯⋯⋯⋯⋯⋯⋯⋯⋯⋯⋯⋯⋯⋯⋯⋯⋯⋯⋯⋯⋯⋯⋯⋯⋯⋯⋯⋯⋯⋯⋯⋯

　將自己寫下來的實際成果，讓大家客觀地評價，能做出沒有個人偏見又有效果的行銷活動。

用故事產生共鳴
引起消費者和媒體注意

步驟⑤的品牌故事，重要程度僅次於步驟④的實際成果。這裡分成「故事的必要性」、「故事的 4 個重點」和「製作故事的圖表」這三大項來一一介紹。

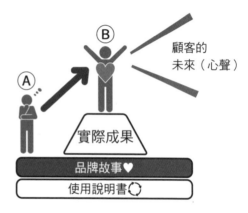

媒體人都有股想透過自身媒體，打動觀眾讀者的心和給予他們勇氣的使命感。該怎麼做，才能利用這股使命感把資訊傳遞出去呢？

那就是說「故事」。什麼**故事**？即是「**透過這個人或這項產品，產生共鳴、令人感動的公司（人）的戲劇**」。

可惜的是，在步驟①～④努力想破頭擠出來的項目，都會與同業競爭者有類似的情形。不過像是「為什麼會做出這種服務？」「有什麼辛酸過程？」的這種故事，便能與其他公司做出差異化。不僅如此，故事可以打動人心，還能期待顧客成為

你的粉絲。

尤其是最近的媒體，「透過故事介紹產品（服務）」的傾向不斷增加。利用故事來行銷，除了能讓媒體人方便製作媒體內容，還能提升被報導的機率。

透過說故事，是可以凸顯和大型企業不同的最佳手段。因為在大型企業較不易看出個人的情感面，活用故事便能抓住大好機會。

請你回想一下，常在雜誌上看到「成功人士的故事」。大部分都是不順遂的創業初期、員工全都請辭、甚至面臨破產危機，遭遇了多次的挫折，卻化危機為轉機，迎向成功的故事。為什麼要報導這些故事呢？因為想要給同樣遭受失敗的讀者觀眾產生深刻的共鳴，為他們加油打氣，打動他們的心讓他們重新振作。媒體人就是想傳遞這種類型的故事給讀者和觀眾。

或許有許多人或是公司，會覺得將失敗經驗昭告天下是件很可恥的事，甚至認為這對想提升品牌形象的公司會有扣分效果。不過正因為有失敗，才能與他人產生差異化，能變成給第三者留下印象的重點。

▰ **POINT** ┈┈

個人認為很可恥的失敗經驗，卻能引起媒體人和消費者的興趣，成為獲得共鳴的契機。

019

行銷設計的 6 個步驟⑤ –2
品牌故事

令人注目的故事寫作 4 大重點

實際上，什麼樣的內容會成為**讓媒體人想要採用的故事**？我們一邊思考下列 4 個重點，一邊套用前面提過的丹後小姐的案例。

①為什麼會做這項產品或服務？
②銷售此項產品或服務前，經歷過什麼辛酸和失敗？
③如何從失敗中振作？
④未來願景。

①原本我是經營不動產和保險代理人的公司，但一考慮到老家今治，我便決定繼承預計要歇業的毛巾工廠。

②當時我連自己的工廠在做怎樣的毛巾都不曉得，完全從 0 知識、0 合作對象重新開始。經營真的是條很艱辛的道路。半年內，完全沒接到任何訂單，資金卻不斷流出。就在那時，我發現了用高速捻紗機做的低捻紗，成本比較高。我就在想，工廠裡的老古董低速捻紗機或許也能織出低捻紗，於是便多次說服工廠員工製作。就連做工熟練的廠長也要經過多次失敗，在反覆嘗試下才終於做出大家都能接受的成品。當我摸到織好的毛巾，心想若能將這條柔軟的毛巾送到消費者手中，即便再苦，

我都很慶幸能繼承這間工廠。因此才打造出帶有「編織幸福」含意的「OLSIA」毛巾品牌。

③不過我對製造和銷售都沒有經驗。一直以為只要做出好產品一定能賣得出去。所以我一開始跑遍了所有東京的百貨公司，但一被問到：「這和其他家的毛巾有何不同？」時，我卻完全答不上來。我抱著「想確實把自家毛巾的優點傳遞出去」的想法去學行銷，將目標客群設定在忙於育兒的 30 ～ 40 多歲的女性。並向《日經 WOMEN》自我推銷，獲得採訪的機會。也以此為契機，榮獲「日經 Women of the Year 2019」的殊榮。之後因媒體行銷獲得媒體報導，向大眾擴展認知度，終於開始在伊勢丹新宿店設立 OLSIA 的分店。

④今後為了使家鄉今治更加活絡，我想以「用毛巾讓人生更豐富」的思維，來擴大事業版圖。

寫故事最重要的就是「情緒起伏」。愈激動愈為理想。

原本「**①平凡的過去**」，因社會情勢造就「**②失敗與辛酸的過去**」，才有「**③現在的成功**」，更有對「**④未來的挑戰**」，高潮迭起的故事更具魅力。

失敗和辛酸的故事令人印象愈深刻，愈能有現在成功的感動，並給人產生勇氣。

POINT

寫故事時一定要加入失敗和辛酸過程，才能寫出高潮迭起的故事。

020

行銷設計的 6 個步驟⑤ –3
品牌故事

嘗試製作故事圖表

　　基於前項寫好的故事，搭配上你實際的產品或服務來做出故事圖表吧！

　　故事圖表，是為了將故事必要的「情緒起伏」可視化。

　　製作故事圖表的重點，即是要對圖表中的低谷（辛酸與失敗經驗）有所意識。自己心中不太想提起的黑歷史和失敗經驗愈多愈好，這些都能成為故事行銷的武器。

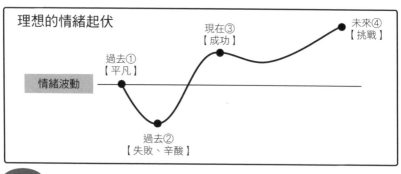

Point　　　　　能打動目標顧客群（TA）的心嗎?!

　　畢竟人們不太會對一帆風順的人產生共鳴。老是表現出好的一面，並不會改變實際成果。「因為有過去的辛酸和失敗，才有現在的我。為了實現未來的願望，我要做出挑戰！」有這種情緒起伏的故事，才能產生共鳴。

　　試著說出能感動第三者，專屬於你的故事。

　　此外，說故事時，如果**有能更了解當時狀況的輔助圖說會更令人感同身受**。像是照片或影片，可以在腦海中重現當時的畫面，像這樣的視覺要素也能加深對故事的印象。為了成功的未來，記得要把失敗作品或甘苦談用影像保存起來喔！

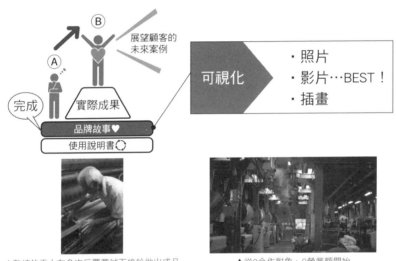

▲熟練的工人在多次反覆嘗試下終於做出成品　　　▲從0合作對象、0營業額開始

POINT

將故事的情緒波動做成圖表，透過視覺化較易加深對故事的印象。

021

行銷設計的 6 個步驟⑥
使用說明書

設計簡單易懂的
使用流程

我們完成步驟①～⑤
後，來思考步驟⑥的使用
步驟。

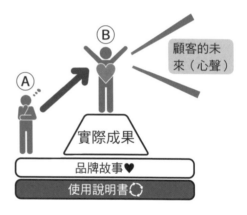

使用說明書，簡單來
說就是：「買了這項產品
後該如何使用？」「申請
這項服務後，如何使用流
程？」

使用說明書理所當然
是由服務提供者提供，所以並不會公布在官網。不過若**顯示在
官網上，反而能促使考慮購買的顧客消費。**

以個人造型顧問服務的 DROBE 為例，他們將購買服務後的
使用流程都公布在官網上（右圖）。

初次使用服務的人，由於想像不到服務的使用流程會感到
不安，以致於無法進一步購買。只要了解使用流程即可放心使
用，是促進購買的一大助力。

而且，**使用步驟也是為了讓媒體以淺顯易懂的方式傳遞給
大眾的必要資訊。**其重要程度雖然比不上步驟①～⑤，但為了

刺激消費，使用步驟也是很重要的項目。為了讓消費者能更容易想像得到購買產品或服務前後的畫面，請務必在官網上刊登服務使用流程。

STEP1
輸入個人資料

STEP2
造型顧問提案

STEP3
商品到貨・在家試穿

STEP4
試穿心得回饋，寄還

請輸入您喜愛的風格、您的體型以及註冊成為會員。

造型顧問會按照您的個人資料挑選適合您的商品。並於寄出前透過LINE與您確認挑選出來的部分商品。

挑選出來的商品會宅配到府。請盡情享受試穿的樂趣。

請於試穿後填寫試穿心得回饋給我們，並將不需要的商品寄回。費用將從註冊時填寫的信用卡等付款方式支付。

摘自DROBE官網https://drobe.jp/

　此外，DROBE 還在官網上刊登了以下事項。

　「除了造型顧問所挑選出的『5 件商品』外，我們將附上穿搭重點的『造型診斷書』一併隨貨寄出。不僅是上下半身的服飾搭配，我們也為您整理出與包包鞋子的整體穿搭。」

　因為官網上多加註了這一段話，使消費者有「好像可以放心使用」、「好方便」的安心感，更能刺激消費。

POINT
可以想像得到購買後的使用流程，便能刺激消費。

將行銷設計刊登在官網上

步驟①～⑥的行銷設計已經完成。是否能讓你重新以客觀的角度審視已行銷設計過的自家產品或服務？

行銷設計完成後，才是行銷的起點。現在開始進入到行銷設計的活用篇。

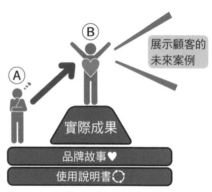

首先，我們來檢查官網上的負責人簡介、公司簡介和公司介紹的文字。

官網的簡介，目的是在短時間內，介紹這個人或產品，並給人信賴感與安心感。

為了告訴消費者，「此人具有影響力的過人之處」＋「這個人是在做什麼的」，請務必將下列 2 項加入簡介內。

【官網簡介要加入的行銷設計】
・行銷設計步驟①設計簡明的企業標語
・行銷設計步驟④實際成果

只要加入這 2 項，必定能向消費者傳遞這是令人安心、有實際成果又值得信賴的公司或產品。

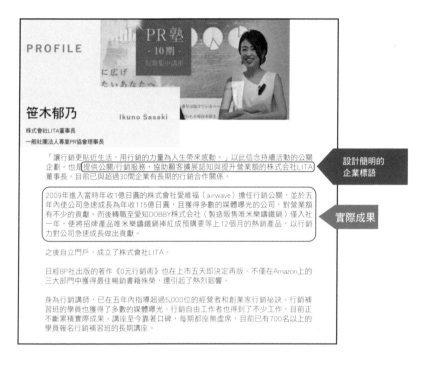

此外，也在官網首頁的主視覺上加入實際成果吧！尤其是沒沒無名的公司，一開始就要讓消費者感受到衝擊和信賴非常重要。

> **POINT** ··

在官網上優先加入①設計簡明的企業標語和④實際成果，在短時間內掌握顧客的信賴非常重要。

將行銷設計刊登在 社群平台上

　　行銷設計不只要放在官網上，連社群平台也放上行銷設計！

　　即便有人認為「這個帳號都會發一些實用的貼文，不如加個追蹤吧！」但是當看到帳號簡介時，「簡介寫得這麼差強人意，還是算了吧……」結果你用心的貼文都沒有意義了。為了不發生這種憾事，請一定要用心製作簡介欄。

　　雖然社群平台的簡介也要用到行銷設計，但官網、公司介紹資料和社群平台的設計方式會有些微不同。不同點在於「**社群平台重視共鳴**」。因此要加入步驟③的未來展望，重點是要讓顧客對你的想法產生共鳴。

【社群平台簡介要加入的行銷設計】

・行銷設計步驟③展示顧客的未來案例
・行銷設計步驟④實際成果

　　以伊藤春香小姐（日本知名作家／ AV 天王清水健前妻）來說，她在社群平台上的知名度很高，在社群帳號的簡介只要寫上：「大家好，我是春香。我開始玩〇〇嘍！」便已足夠，但對沒沒無名的人來說，這麼做一點意義都沒有。請對自己是個

無名小卒一事有所自覺，先做好自我推銷取得用戶信賴，再下點工夫獲得共鳴吧！

　　各位使用社群平台的目的，我想應該都是為了要促成交易，或是想利用行銷對公司的發展有所貢獻。所以向大眾**傳遞產品或公司實際成果的同時，獲得共鳴也很重要**。

POINT

刊登在社群平台上的簡介，為了容易得到用戶的信賴並產生共鳴，必須包含步驟③展示顧客的未來案例④實際成果。

媒體記者在採訪前
會確認官網社群帳號

發送新聞稿時，媒體記者必定會去檢查對方的社群帳號和官網。他們會去檢查有沒有定期更新，內容是否有符合現況。

以前沒有官網和社群平台，媒體記者看過新聞稿後會先以電話採訪，再決定是否要進行平面採訪。但現在媒體記者會事先確認官網和社群帳號後，再決定是否聯繫邀約採訪。

因此，可以說現在要得到採訪的前提是，要有官網和社群帳號一點也不為過。

如果說檢查新聞稿是能得到媒體採訪的初試，那檢查官網和社群帳號便能說是複試。如果你的官網或社群帳號沒有經過行銷設計而呈現漏洞百出的狀態，不管你發出多少新聞稿，都無法給人信任感和安心感，也很難獲得採訪邀約。絕對不能給人不安的感覺。

必須要將行銷設計反映在官網和社群帳號上，做成能確實網羅資訊的狀態，才能明顯提升被媒體採訪的機率。

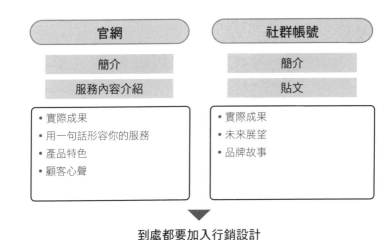

到處都要加入行銷設計

　　有很多人會在意社群帳號的追蹤者數很少，但以媒體的角度來看，**社群帳號的追蹤人數並不是他們在意的重點**。反而是有沒有信賴感比較重要。

　　在進行真正的行銷前，先用行銷設計重新整頓官網和社群帳號吧！也請務必留意要定期更新資訊，有可以修正的項目請馬上修正。

□官網　　　　　　　　　　□社群帳號簡介
□部落格簡介　　　　　　　□電子報簽名檔
□自我介紹資料

▶ POINT ⋯⋯⋯⋯⋯⋯⋯⋯⋯⋯⋯⋯⋯⋯⋯⋯⋯⋯⋯⋯⋯⋯⋯⋯⋯⋯⋯⋯⋯⋯⋯⋯⋯

　　請切記在現今的時代，官網和社群帳號在採訪前一定會被檢視。把行銷設計和最近的活動狀況刊登在上面，讓媒體記者也能放心。

即使不擅言詞也能打動對方的方法

利用公司介紹資料
培養核心粉絲

　　確實掌握傳達服務魅力的行銷設計 6 個步驟，就能離提升營業額和獲得媒體報導更近一步。只要產品很有魅力，即使透過電話，一定也能打動對方的心。行銷設計裡已包含了所有能活用於商業行為的重點。

　　然而，光靠自己的話術，要把重要的行銷設計用於媒體行銷或洽談時，需要一定程度的技巧。

　　建議你可在此時，**用 PPT 簡報製作加入行銷設計的「公司介紹資料（個人用則是自我介紹資料）」**。

　　或許有人會說：「我們有公司簡介（公司概要），不需要做這種東西。」但給客戶看的文書印刷資料，以行銷觀點來說沒什麼意義。因為在**社群時代的行銷，最重要的是：「給大家看到有缺點和失敗的故事，包含你的個人特質，讓對此產生共鳴的人成為你的粉絲。」**

　　坦白說，單憑經過行銷設計過的公司介紹資料，便能獲得媒體報導和提升營業額，一點也不為過。這麼重要的資料，更應該傾注熱情去製作。

　　實際上，我也曾以行銷設計來做公司介紹資料，並單靠「電話預約＋以公司介紹資料來說明」，沒發社群貼文也沒做新聞

稿，就獲得多家媒體的報導介紹。

利用媒體行銷時，新聞稿必須遵守一則新聞一主旨的原則，因此只能介紹公司的一小部分。

不過在公司介紹資料裡，就**能放入公司的實際成果和故事等，是新聞稿無法傳遞的重要資訊。**

照著行銷設計去做，**不僅能以「點」來傳達公司的魅力，還能以「面」的方式擴大傳遞，使對方成為你的粉絲。**只要能打動對方的心，媒體也不會以「點」的方式稍縱即逝地報導，而是以「面」的方式大幅擴散。也就是說，會以電視的專題報導，或報紙的大篇幅版面來報導介紹。

這種「行銷設計＋公司介紹資料＋直接傳遞（或稱擴散）」的作法，或許有點像是原始的銷售風格，但為了能撼動對方的心，可一口氣提高成功機率。

雖說如此，各位如果常做這種銷售型態的工作，會非常地費時費工。因此，從第 3 章起，會教你更有效率的社群貼文和撰寫新聞稿的技巧，但也請把「行銷設計＋公司介紹資料＋直接傳遞」的威力記在腦海裡，學會後請嘗試合併使用。便能更確實地朝「讓媒體主動報導」前進一步。

POINT ··

公司簡介，如同沒有缺點的「成品」，無法獲得共鳴。

026　利用銷售技巧活用行銷設計的優點

公司介紹資料與擴展事業密不可分

　　活用公司介紹資料（簡報），不會只有一次性的媒體曝光，是個能擴展事業版圖的行銷活動。如下圖所示，不僅有媒體行銷，還能期待各種效果。

- 做簡報時，能將更深入的理念傳遞給對方，使其成為粉絲。
- 提高洽談時的簽約率。
- 和企劃書一併提交給出版社並傳達想法。

　　接下來，我們實際利用行銷設計來製作公司介紹資料。

　　公司介紹資料沒有一定的格式。只要照著以下的步驟 0 ～ 6 的重點即可，試著用你覺得方便的形式來製作。從法則 27 開始，將會以 LITA 的公司介紹資料為例來說明，希望能當作製作參考。

【公司介紹資料的製作重點】
· 完全代入行銷設計
· 共享畫面
　→加入照片、圖表、數據，以視覺化呈現的方式打造共享資訊的畫面。

公司介紹資料製作步驟

0	封面
1	你的服務內容
2	實際成果
3	簡介或故事
4	服務特色（USP）
5	顧客回饋心聲
6	公司聯絡方式

> **POINT**

　　只要有行銷設計和公司介紹資料，就能打造屬於自己的香檳塔，也能拓展事業版圖。

具體寫出你的服務方式

接著要來詳細說明前項介紹的 0 ～ 6 的步驟。

步驟 0：封面

如果是個人就寫上全名,公司的
話寫上公司名稱或產品、服務名稱。

步驟 1：你的服務內容

第 1 頁就用一句話來形容行銷設
計中的「①設計簡明的企業標語」

重點是不能只用文字來形容,請
將產品或服務最具代表性的照片一同
放進去。

以 LITA 為例,可以放入商標或
工作人員的照片等,令人一眼就看得
出品牌形象的圖像。

接著在第 2 頁，放入事業內容。把各位的公司「**具體的事業內容或產品**」以條列式填寫出來。

以在日本擁有 11 萬忠實讀者訂閱月刊的「致知出版社」為例，要寫出月刊的特色；對 LITA 而言，則是要寫出事業內容。如果擁有多種品牌，全部都要刊登於此。若項目很少，和第 1 頁合併成一張也 OK。

倘若不能讓對方清楚了解你的公司提供什麼服務？在做什麼事業？之後不管你把實際成果和故事說得多麼精彩，對方也聽不進去。首要條件，即是在一**開始便清楚傳達「你是在做什麼的」**。

POINT

公司資料要用 PPT 簡報或手工製作都可以。多放一些照片，可以用視覺化的方式傳遞一些光用文字無法道盡的部分。

用實際成果與故事
取得信賴和共鳴

步驟 2：展示實際成果

再來放入行銷設計的④實際成果吧！

在介紹行銷設計時我也提過，製作公司資料時要儘量提早一個階段展示實際成果。因為有必要「讓對方認為有聽下去的價值」。

在上一個法則介紹過的致知出版社，要告訴對方有多少的發行量；而 LITA 則是要先告訴對方有多少媒體報導的實際成果，才能使對方更積極地聽你介紹。

先將最大的實際成果寫出來吧。

LITA公司簡報

步驟 3：簡介 or 故事

接下來放入簡介或行銷設計步驟⑤的故事吧。

照著年表形式或營業額圖表等方式來說明簡介，**以視覺化呈現理解很重要**。一般而言，建議做出 20 項故事圖表。可觀察對方會被怎樣的形式給打動，再**嘗試改變介紹的內容**。

以實際成果為中心介紹

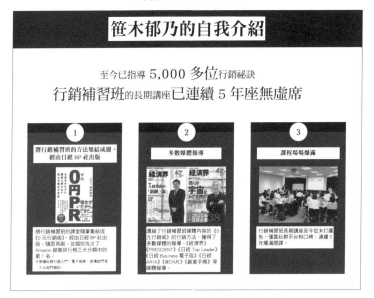

製作公司簡報資料時，提早一個階段介紹最大的實際成果，能得到對方更積極的態度。

如何製作公司資料③

利用產品特色與顧客心聲加深印象

步驟 4：服務特色（USP）。

在這裡把行銷設計步驟②的服務特色（USP）加進去吧。

以 LITA 為例，會把「簡單說明行銷補習班的特色」或是「解釋行銷方法」，儘量加入照片或圖片強調視覺效果。

設計簡明的企業標語

被選上的理由 A→B／USP

展示顧客的未來案例

實際成果

品牌故事♥

使用說明書

OJT式行銷補習班的特色1、2

OJT式行銷補習班的特色1	OJT式行銷補習班的特色2
❶ 學習如何執行媒體行銷、社群行銷、製作出版企劃書、簡報資料，學習現代必要的行銷活動。 ❷ 上課時即可做出成果，馬上能付諸行動。	❸ 畢業後，還有能重複翻閱不同於參考書的教科書和影片以利複習。 ❹ 一年內隨時能回補習班進行個別輔導、資料修改、諮詢，可放心行動。

步驟 5：顧客心聲

再來把行銷設計步驟③展示顧客的未來案例加進來吧。

以 B2B 的服務來說，實際成果很重要。**將你做出了何種成果？對企業做出了何種貢獻？全部記錄下來吧！**

步驟 6：聯絡方式

最後再將聯絡方式和「有任何問題歡迎與我聯繫。」這句話一併寫下來。

最終若你想用這份公司資料去推銷，或想達成交易，填上費用即可結束製作的流程。

如何製作公司資料沒有正確答案。不過要記住，滿篇文字的介紹會讓人看不下去，為了用更簡單的方式傳遞給對方，建議要在行銷設計裡加入照片或圖表強調視覺效果。這份資料一定會成為你最強的夥伴，請務必在行銷活動外，多善加利用這份資料。

> **POINT** ....

把提升產品魅力的客觀實際成果（口碑、顧客使用心得推薦），用圖示或照片進行說明。

· 以行銷補習班為例：統整出的簡報 6 個步驟

	行銷補習班（LITA 主辦的講座）
步驟① 一句話形容	學習行銷技巧的線上長期講座。
步驟② A → B	無行銷經驗者→ 熟悉行銷技巧並擴展大眾對服務的認知
步驟③ 顧客的未來案例	（展望：貢獻我的行銷力，讓所有人和企業都能開花結果。） · 自立門戶，獲得自由的工作模式。 · 成功提升公司營業額，建造公司的辦公大樓擴大事業版圖。
步驟④ 實際成果	· 講座連續 5 年座無虛席。 · 出版行銷補習班教授的行銷方法書《0 元行銷術》。 · 已指導 5,000 多人行銷秘訣。
步驟⑤ 品牌故事	1. 自己在剛開始做行銷時，在沒有前輩帶領的情況下要做出成果非常辛苦。為了想幫助有相同情況的人而成立了行銷補習班。 2. 行銷補習班剛開始的教法不得要領，多數人無法執行。即使自己做能成功，但要當指導者卻是另外一回事，對此深切反省。 3. 確立出讓所有學員都能成功的簡易方法。 4. 維持學員結業後的畢業問卷上有高達 80% 以上達成目標成果。想幫助更多對擴大認知度有困難的個人和企業。
步驟⑥ 具體化的使用說明書	1. 將教科書和會員網站指南寄至會員府上。 2. 專門負責的工作人員會親自在線上指導會員，了解上課和會員網站的使用方式，並掌握整個流程。 3. 同時期報名的同期學員，參與線上開學典禮。 4. 為期一年的線上講座正式開課。配合自己的步調與行程，自訂上課時間。 5. 可在每個月一次的同學會上，和同期分享進度。 6. 365 天隨時都可以在線上進行諮詢和資料修改。

第 3 章

社群平台的經營方法
與營業額密不可分

找出適合你的社群平台

　　這個法則的目的是：「**決定你主要經營的社群平台**」。

　　挑選社群平台最常使用的方法是：「從目標客群來挑選」。雖然這也是正確的思考邏輯，但這麼做會成功的原因，是因為你的目標客群和「你擅長經營的社群平台」剛好一致。

　　事實上，**經營社群平台會失敗**，不是和目標客群不一致的關係，而是：「**這個社群平台你用得不習慣，才會導致無法持續下去而慢慢荒廢……**」。每天一點一滴經營社群平台，持之以恆才是重要關鍵。

　　比如說，你下定決心要每天運動。即使你不運動也不會有人因此而罵你。如果要你從跑步、跳繩、游泳等各種運動中作選擇，試想：「你會選擇哪種運動？」

- 想要鍛鍊哪個身體部位？
- 自己做得來的運動（可以輕鬆持續下去）。

你是否會從這兩點去作思考呢？

　　為了持之以恆，絕對是以後者的角度比較重要。即便對身體再怎麼好，要討厭跑步的人每天持續去跑步，簡直是要了他的命！

　　經營社群平台也是相同的道理。下定決心要去做，需要耗費大量的時間和精力。正因如此，更應該選擇輕鬆無負擔能持之以恆，自己也做得開心的社群平台，才能直接傳遞你的想法，更易打動追蹤者的心。

　　持之以恆，是社群經營成功的首要條件。別拘泥於目標客群，**請以使用哪個社群平台讓你最舒服自在、用起來又順手的基準來挑選要經營的社群平台。**

　　如果你很猶豫，請參考以下各個社群平台的特色。

主要用戶群	30～50多歲	10～20多歲	10～30多歲	全年齡層
特色	・30～50多歲的黏著度高。 ・很多上進心強的用戶。 ・實名制政策值得信賴。 ・要申請加好友→接近真實的交流。 ・貼文沒有字數限制也沒有一定要附圖，比起其他社群平台自由度較高。	・10～20多歲的女性用戶居多，但最近30多歲的用戶也逐漸增加。 ・「帳號要發什麼資訊的貼文」，需要設定一貫的主題和統一的世界觀。 ・一則貼文最多可用30個主題標籤→便於搜尋。 ・可靈活運用一般貼文、限時動態和Reels短影音。	・比起其他社群平台，10～20多歲的用戶使用率偏高，但30多歲的用戶使用率也高於50%。 ・日本、歐美用戶較多，台灣用戶較少。 ・可匿名註冊，易引發論戰。 ・轉推功能的擴散性強。 ・發文頻率不高，易被大量訊息淹沒。	・不分年齡，使用率極高。 ・主要的使用目的是和親朋好友交流的工具。 ・加入LINE官方帳號需要費點工夫。 ・雖沒有擴散性，一旦加入好友，訊息的已讀率很高。 ・台灣用戶最多。

▶ **POINT** ....

　　持續更新是經營社群平台的鐵則。不僅要注重目標客群的屬性，最重要的是選擇適合自己且能持續經營的社群平台。

掌握社群平台
的種類與特色

在此整理出各個社群平台的特色。

推特（Twitter）：由於一篇貼文有限制 140 個字數的特性，因此用戶喜歡直截了當說出重點又具獨特性的「尖銳發言或思維」。**適合給對流行趨勢關鍵字很敏銳，又喜歡與他人頻繁交流的人使用**。轉推具有影響力的人的貼文，或是在具有影響力的人的貼文底下留言，都能提升自己的影響力，容易在短時間內增加跟隨者數。

IG（Instagram）：重點在於你的貼文要與粉絲的「喜好」是否一致。因此，能不能持續發出充滿魅力又實用的資訊給粉絲就顯得很重要。此時要假設自己在做一本與設定主題相關的「雜誌」，世界觀就不易動搖。

用戶在 IG 只能搜尋「名字（帳號名稱）」、「主題標籤」、「地點（場所）」這三種關鍵字，只要帳號名稱設計得好，再加上主題標籤，讓用戶容易找到你，便能提高粉絲追蹤你的機會。此外還有一個特色是可以透過洞察報告分析出用戶的活躍時間，在這些時間點貼文，能提高訴求效果。

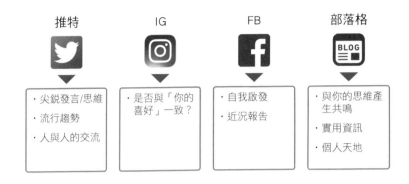

推特 ／ IG ／ FB ／ 部落格

- 推特
  - ·尖銳發言/思維
  - ·流行趨勢
  - ·人與人的交流
- IG
  - ·是否與「你的喜好」一致？
- FB
  - ·自我啟發
  - ·近況報告
- 部落格
  - ·與你的思維產生共鳴
  - ·實用資訊
  - ·個人天地

Facebook：必須實名制註冊，還能與出生地、畢業母校等相關人士有所連結，近似於在現實社會的感覺。由於**易取得信賴**，有許多人將此**活用於經營商業人脈**，也有許多上進心強的用戶。因此很難發出負面貼文，反而是「我考到○○證書了！」「我在學○○！」「我生寶寶了！」等，有關於工作或私事的貼文較多。

部落格：可以透過自行設定的橫幅圖標和平台背景，**盡情打造自己的世界觀，能與其他用戶產生更深的共鳴**。尤其是部落格，可以「按讚」和讓讀者訂閱，近似於社群平台會有的功能，因此推薦準備創業的人使用部落格。此外，部落格平台內還有按照「自我啟發」、「育兒」等分類進行排行榜排名，擠上前幾名就能提升知名度。

▶ **POINT** ◀ ....

理解各個社群平台的特色，綜合性地判斷自己該經營哪個社群平台。

將粉絲培養成公司的代言人

你經營社群平台的終極目標是什麼？

我想大部分的人應該都想要促成交易吧。或許有人會想：「打廣告不是比較快嗎？」但我強烈建議利用「社群行銷」！

話說回來，「廣告」和「社群行銷」，到底有什麼差別？簡而言之：

廣告＝讓更多消費者知道，打響知名度為目的。

社群行銷＝發出讓追蹤者認為有高價值資訊的貼文，以增加共鳴度高的粉絲為目的。

社群行銷需要大量默默耕耘，不會馬上得到結果。即使如此還是要做社群行銷的好處是：

- 培養 100 位鐵粉，透過他們做口碑，便能打造 1,000 人甚至是 10,000 人的共鳴漩渦。
- 能讓追蹤者更深入了解企業的理念和故事。有「**培養粉絲成為公司代言人**」的意識，對社群行銷來說非常重要。

經營社群平台，相較於廣告所沒有的優點是：「可透過社群貼文引起共鳴，讓追蹤者成為你的鐵粉，會真心地幫你分享、

留言、做口碑。」假設你只有 1,000 名追蹤者，只要其中有 50
人成為你的鐵粉，如果他們願意幫你積極地做口碑和分享，還
能擴展品牌給這些鐵粉的追蹤者。

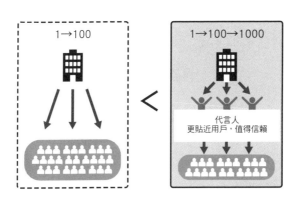

也就是說，自然而然培養願意出於善意幫你「做口碑、分
享、留言」的鐵粉，這件事很重要。

以發行日本唯一的人類學知識月刊「致知出版社」為例，
他們每天都會把曾刊登在月刊上的名言，當作「每日一句」上
傳至 Facebook，每天都會有人對貼文產生共鳴，每篇都有超過
100 次的分享。

**為了打造出讓粉絲培養成公司代言人的社群帳號，必須要
對「訊息的方向性、貼文的比例、統一的世界觀」這 3 大主軸
有所意識**（法則 41 會詳述）。

社群平台不是隨便經營就好，要先設定最終目標再開始著
手經營。

▶ POINT

經營社群平台的魅力在於：「增加會出於善意給你回饋的鐵粉（追蹤
者），當公司的代言人，也能增加口碑和分享次數。」

光靠社群平台
無法提高營業額

前一個法則，告訴你要利用社群平台將粉絲培養成公司的代言人，但很可惜的是，光靠社群平台無法直接締造龐大的營業額。要提升營業額，必須利用電子報或 LINE 官方帳號（以下簡稱「LINE 官帳」）。**社群平台和電子報、LINE 官帳不同的點在於，是否有「顧客清單」。**

社群平台和電子報、LINE 官帳所扮演的角色不太一樣。

可以把社群平台當作是「街坊佈告欄」。你要恰巧經過那裡才能看得到資訊，倘若你沒經過佈告欄，根本連它的存在都不知道。

另一方面，電子報和 LINE 官帳則像是「直接寄到顧客信箱裡的信件」。加好友和訂閱的人，就是「你的網頁版客戶名冊（顧客清單）」。

透過能直接寄送的顧客清單，能傳遞對對方有利的資訊，還能透過分享價值觀來打造信賴關係，讓對方成為你的粉絲。因此，讓用戶訂閱電子報或加入群組是很重要的。

例如說，你想要公告「10 月將舉辦活動」這條訊息，光靠

社群平台的吸客效果有限，但如果你掌握有與你的價值觀產生共鳴的顧客清單，便能夠掌控活動吸客或產品的營業額。

以廚具廠商來說，可以將實用資訊、食譜和最新資訊等消息，透過電子報寄給電子報訂閱戶或既有顧客。常有人問我：「廚具廠商有必要向消費者分享價值觀嗎？」但是看到自己購買的產品有被媒體報導，會讓消費者產生「幸好我有買」的安心感；利用電子報搶先傳遞最新資訊，**透過分享價值觀，才能培養出 VIP 客戶**。

常見的失敗案例是，最先在追蹤者數最多的社群平台上公告消息。在沒有完全培養起信賴關係的社群上突然公告消息，幾乎不會有任何回饋。為此而感到焦急的你，便向清單裡的顧客也做了相同的公告，但這個消息已經先向社群公告了，不僅無法得到好的回應，甚至會讓顧客感覺不受重視，而有刪除 LINE 官帳的好友或退訂電子報的可能。為了避免這種情況，公告消息的順序非常重要。

一般來說，營業額來源的比例大致上是，顧客清單：社群＝ 8：2，為了確保營業額及穩定業績，清單上的顧客更加重要。

如果你已經在經營社群平台，卻遲遲無法提升營業額，請先收集顧客清單，向重要的顧客傳遞你最直接的想法吧！

POINT

為了提升業績，要把電子報、LINE 官帳和社群平台合併起來靈活運用，才是最好的方法。

社群時代的購買流程是「AISAS 模式」

在以前最常見的購買流程概念，是讓消費者不斷看到好幾次訊息後，促進購買行為的記憶型行銷「AIDMA 模式」。

也就是先透過媒體曝光和社群平台，讓顧客知道（Attention，注意）「有笹木郁乃這號人物」、「原來她有開行銷補習班的講座」，並追蹤社群帳號。在顧客看了好幾次的社群平台和電子報後，對此引發了興趣（Interest，興趣）。進而產生了「看著看著就想到行銷補習班學點東西」（Desire，欲望），並留下印象（Memory，記憶），最後便真的去報名（Action，行動）。

「只要讓同一個人連續 7 次看到你的產品，就會提

A	I	D	M	A
Attention	Interest	Desire	Memory	Action
注意	興趣	欲望	記憶	購買

高購買欲望」的 7 次法則，這在以前曾是電視廣告、雜誌等各大媒體要打廣告的行銷活動主流。

在社群平台普及的現代，購買產品後會上社群貼文，向大家分享產品的優點，已是很普遍的作法。藉由網紅或知名人士透過社群平台介紹因此而爆紅，以意想不到的方式進行銷售已

不足為奇。有許多人在想買東西或是想去哪裡時，他們不用Google等搜尋引擎，反而是用主題標籤來搜尋，尤其以年輕族群為中心逐漸增加。

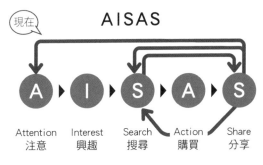

現在

AISAS

A	I	S	A	S
Attention 注意	Interest 興趣	Search 搜尋	Action 購買	Share 分享

「**Share（分享）**」是現在重要的購買行動之一，所以才會說 **AISAS 模式**是主流的購買流程。我也常保有這個流程的意識來經營公司。

　　AISAS 模式裡的 A、I 和 AIDMA 模式一樣，但 AISAS 模式會先進行搜尋（Search），確認過網路上的口碑和媒體報導後才會進入購買（Action）。而最後又會透過社群平台做口碑向大家分享（Share）。其他人看到了這則貼文，又會產生其他人購買的循環。

　　搜尋時看了社群平台，可以知道「有很多人都說不錯耶！」「有好多家媒體報導過喔！」等資訊，**社群貼文不只能擴展品牌認知，還能與搜尋作連結，扮演了很重要的角色**。在 AISAS 模式中該如何有效運用社群平台，是促成購買的重點。

　　低價產品雖然可以單憑一個社群平台便能促使消費者購買，但高價產品或付費講座，單憑一個社群平台無法獲得十足的信賴感和安心感，也很難促成交易。這點也請考慮在內。

▶ **POINT** ┈┈┈┈┈┈┈┈┈┈┈┈┈┈┈┈┈┈┈┈┈┈┈┈┈┈┈┈┈┈┈┈┈┈┈

　　現在社會的購買行為須以 AISAS 模式為基礎。社群平台扮演了擴展品牌認知、搜尋和分享的重要角色。

經營社群平台的目的

社群平台的目的是：「擴展高品質的品牌認知」。

為了得到更有深度的共鳴，如同法則 33 所述，利用電子報和 LINE 官帳來直接傳遞價值觀很重要。

如果你沒有理解經營社群平台的目的是為了擴展品牌認知，「不論怎麼用心經營社群平台，都無法提升營業額。」會讓你十分受挫。這就是在經營社群平台時會讓你感到挫折的原因之一。

首先我們以銷售前的流程（認知→清單化→銷售），位於 AISAS 模式的哪個部分來進行說明。

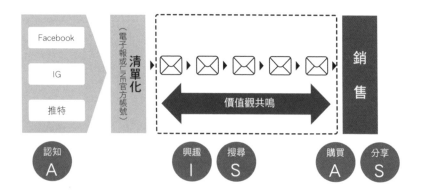

　　認知（A）：透過社群平台（FB、IG、推特）或媒體報導獲得大多數人認知，並誘導加入群組。**經營社群平台的目的大多在此。**

↓

　　興趣（I）、搜尋（S）：利用電子報和 LINE 官帳，分享價值觀和目標的方向性，培養信賴關係。在過程中，透過搜尋確認，取得實際成果的安心保證（價值觀共鳴期間）。這裡是收集顧客清單的目的。

↓

　　購買（A）、分享（S）：確信沒問題後才購買，再分享使用心得做口碑。

　　在經營社群平台的**大前提，必須要對「社群平台是為了擴展認知，增加粉絲的工具，無法利用社群獲取龐大的營業額」有所認識。**並理解所有工具的特性，分別使用社群平台和顧客清單，才能促成交易。

POINT

確認自己是否有可補足 AISAS 模式各階段的工具。

036

踏實地追蹤、按讚的「真正效果」

開始經營社群要先致力於提升認知度

經營社群平台，首先該做的，不是發一篇精彩的貼文，而是要「**增加追蹤者數或好友數量**」。

坦白說**最重要的是：「踏實地追蹤、按讚、留言，是為了讓大家知道你的存在而採取的行動**」。

請想像一下企業的業務工作。就算公司簡介做得再精彩，卻無法與對方見面便一點意義都沒有。即使是企業的業務工作，也需要和對方交換名片、向顧客自我介紹，讓對方記住自己的長相，藉此擴展人脈，這些都是很重要的工作，對吧？

社群平台也是如此。不是從發出精彩的貼文來增加追蹤者數，而是要主動讓對方認識你，才能增加社群的追蹤者數。經營社群最初的六個月，以像業務交換名片的心態來面對即可。

FB 就多加好友、IG 和推特就加追蹤、加跟隨。這段穩定擴展連結的時期非常重要。

利用社群平台擴展認知的行為模式

社群平台	行為
Facebook	好友申請、按讚、留言、加標籤、訊息
IG	追蹤、按讚、留言、訊息
推特	跟隨、按讚、留言、轉推、訊息
部落格	追蹤、按讚、留言、轉文章、訊息

　　常有人會想說：「自己主動加別人好友，這麼做好嗎？」但有這種想法是無法增加追蹤者數的。

　　其實**比起媒體行銷，社群平台必須要以更積極的心態來經營**。因為從撰寫新聞稿到送給媒體前，媒體行銷都是屬於較隱密的活動；而社群平台則是在公開場合向大眾宣揚：「我在努力！」的發文活動。

　　暫時忍住「我的朋友不知道會怎麼看我？」「怎麼都沒有人按讚……」以上這些想法，在獲得一定程度上的追蹤者數前，主動向對方打招呼，持續進行增加好友和追蹤者數的行動。

　　而在現實生活中，你也可以在名片或傳單附上社群平台的網址或 QR 碼；或是在自己的講座上和其他場合向大家宣傳：「我有在玩 IG，有任何問題都可以私訊我！」這麼做也能增加追蹤者數。

　　社群平台就是要腳踏實地的行動，才能逐漸茁壯。

▶ POINT ◀ ⋯⋯⋯⋯⋯⋯⋯⋯⋯⋯⋯⋯⋯⋯⋯⋯⋯⋯⋯⋯⋯⋯⋯⋯⋯

　　單憑自己的貼文要增加追蹤者數簡直是難上加難。自己主動去加別人好友、按讚和轉推，才會逐漸看見成果。

037

利用社群平台打造營業額的 2 個步驟①
培養社群帳號

身為賣家要擴大認知

現在，我要說明利用社群平台打造營業額的 2 個步驟。

在法則 33 已說過單憑社群平台無法提高營業額。不過，**社群平台卻扮演著「為了做出營業額的跑道的角色」**。在此要介紹讓它盡到角色義務的 2 個步驟。

步驟 1：培養社群帳號（認知：A 的階段）

培養社群帳號，即是「利用社群平台讓大眾知道自己或公司的存在」。

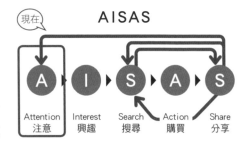

要在社群平台上貼文，首先必須增加好友或追蹤者數，但總是會遇到一直無法增加好友或追蹤者數的時候。其中一個原因，即是因為大家不曉得你是「賣家」。

為了促成交易，**必須要擴大認知，告訴大家：「你是賣什麼的（哪方面的專家）？」**

「這個人是做行銷的」、「這個人是料理研究家」，透過

社群平台擴展大眾對你的認知，「我想請這個人告訴我實用資訊」、「我想請這個人告訴我一些食譜」，如此一來便能與追蹤者有所連結。

如果你只是上傳一些私底下的照片，寫著：「我還在用功……」，不會有人對你有興趣。

尤其想把 Facebook 當作事業工具，如果你沒有趁早在毫無實際成果的階段，主動發出「我很認真在學行銷」、「現在起我要開始做○○的工作」之類的貼文，工作永遠不會找上門。

之前，有個行銷補習班的學員，她在 Facebook 上發出了：「雖然我沒什麼經驗，但我很想從事行銷的工作，所以我想徵求 10 位朋友免費體驗，讓我練習撰寫新聞稿！」的貼文。因為是免費的，結果竟然湧入了大量留言來申請體驗。

如果你想利用社群平台成為賣家，就要趁早向大眾發出自己「從事什麼行業」的貼文。

與其要「等到增加一定程度的追蹤者數」再貼文，不如在學習的過程中開始在社群貼文。自己主動發出：「我開始學行銷了」、「我在用這種教科書喔！」之類的貼文，向消費者擴大認知很重要。

POINT

想在社群平台上打造營業額的第一個重點，要讓大家對你是賣家有所認知。用貼文明確地告訴大家自己是什麼領域的專家。

038

利用社群平台打造營業額的 2 個步驟②
誘導加入群組

藉由提供好處促進訂閱

步驟 2：誘導加入群組

「誘導加入群組」，即是把在社群平台上有聯繫的人，為了加深他們的興趣，請他們訂閱或加入群組。

目前最推薦使用收集顧客清單的工具是電子報或 LINE 官帳。這兩個工具的優點，**是即使不用親自去確認，也能確實將資訊送到追蹤者或讀者手上。**

【使用電子報、LINE 官帳當作引起興趣（I）工具的推薦原因】
・由於這是私密的交流工具，容易讓消費者有特別感及優越感，也會對你的價值觀產生共鳴。
・這是個能提供比社群平台還要更詳細、有利又實用的資訊交流工具，易建立起信賴關係。
　→可以銷售給對你的產品或資訊有需求的人，達成雙贏。

為了增加顧客清單數，可告訴消費者在訂閱時可得到的「好處」。因為在訂閱電子報時，需要花點時間填寫郵件地址和姓名。重點是為了不讓消費者覺得麻煩，就要**提示消費者花一點時間就能得到的好處。**

【訂閱時要告知的事】

- 設定訂閱後能得到的好處、贈品。
  例如：訂閱即贈 180 分鐘的免費影片。
- 展示值得訂閱的實際成果→
  例如：已有 12,000 名訂閱戶。

> **笹木郁乃的範例**
>
> 🎁擴大認知的《0元行銷術》
> ⬇ 現在訂閱就送180分鐘的講座影片！⬇
>
> 笹木郁乃的官方電子報＆免費講座
> http://pr-professional.jp/mailmagazine/
> （已有12,000名訂閱戶）
>
> ▶ 經營行銷代理公司LITA，已指導超過100家公司的實際成果。
> ▷已指導約5,000位社群行銷秘訣。

　　數字呈現出來的實際成果不僅能帶來影響，更是信賴的證明，更能刺激訂閱率。

　　我自己也因為有送「可以免費觀看 180 分鐘學習行銷的影片」的贈品，和沒送贈品時相比，電子報的訂閱率大約激增了 2 ～ 3 倍。

　　雖然有一定人數會在拿到贈品後便取消訂閱，但也會有人因為看了影片而提高信賴度，以結果來說還是感覺得到營業額成長的好處。

　　為了防止機會損失，也為了加深大家對你的信任，我還是建議用附加贈品的方式贈送影片或教科書來刺激訂閱率。

> **POINT**
>
> 　促使社群平台的追蹤者訂閱或加入能分享價值觀的電子報或群組，便能從注意（A）發展到興趣（I）。

發文內容要意識到
可能隨時會被搜尋

　　這裡要告訴你，發文內容要意識到可能隨時會被搜尋的必要性。

　　你明明按部就班經營社群平台，增加追蹤者和訂閱數，卻**總是無法締造買賣關係，此時讓我們一起來檢查 AISAS 模式裡的 S（搜尋）吧**！

　　即便消費者在電子報和 LINE 官帳對你的價值觀產生共鳴，對你的產品有興趣，正打算要「購買」時，卻因為沒有實際看到和摸到產品，總是會在下手購買前產生不安。

　　此時消費者便會開始上網搜尋，檢查官方網站、社群平台上的口碑、媒體刊登和銷售實際成果，並與他社作比較和考慮。

　　此時，就要以第 2 章（P.35）製作的行銷設計為基礎來改善官網簡介，並更新媒體報導的實際成果，這項策略十分重要。

　　另外，如果想讓消費者不主動搜尋也能信任你，就要慎重地在電子報或 LINE 官帳上告知消費者讓他們安心的資訊，這麼做也很有效果。

【安心資訊】

- 顧客心聲（畢業生中有○％都考上了！）
- 課堂影片（可以免費觀看 180 分鐘的影片）
- 媒體報導資訊（○○電視曾介紹過，目前正在雜誌上連載）
- 代入數字和專有名詞的銷售實際成果（銷售數量突破 1 萬個）

　　以我為例，我會在電子報上告知消費者，身為行銷補習班老闆的我曾被《周刊 Economist》和《經濟界》媒體報導過，讓他們即使不用特地去搜尋實際成果，也能感到安心。

　　此外，不僅告知消費者我自己的案例，也能以有被多數媒體採訪實際成果的行銷補習班畢業生 A 為例，「透過電子報以說故事的方式，介紹 A 在行銷補習班學了 4 個月，如何獲得媒體採訪的過程。」不止能提供讀者實用資訊，還能透過第三者發聲（實際成果）。

　　如此一來，不只是實用資訊，就連實際成果也能一併以電子報發送出去，讓讀者感到安心。

　　重點在於**發文內容不要宣傳和炫耀，而是要提供顧客實用資訊和值得信賴的實際成果。**

▶ **POINT**

　　把能取得顧客信賴的實際成果利用社群平台或電子報發送出去，或是刊登在官網上，便能得到顧客的購買機會。

擁有補足「AISAS 模式」的工具

目前為止，已向各位說明社群平台的整體面貌。

理解各社群平台的特徵固然重要，但要如何從社群平台締造營業額，對 AISAS 模式到購買的流程意識也很重要。

在法則 33（P.84）有提過，社群平台就像是「街坊佈告欄」一樣，無法直接和龐大的營業額扯上關係。因此，將消費者從社群平台引導至電子報、LINE 官帳或官網等的購買工具就顯得十分重要。

現在，我們再來複習一次 AISAS 的模式。

- 注意（A）讓大家對產品或服務有所認知。
- 興趣（I）大家看了官網或社群平台的照片或文章，對此產生興趣。
- 搜尋（S）有興趣的人在搜尋訊息時，向他們提示促進購買欲望的資訊。
- 購買（A）產生濃厚興趣並決定購買。
- 分享（S）在社群平台上發表購買心得文章。

Facebook 即擁有了注意、興趣、搜尋和分享這四種作用。

此外，LINE 官帳屬於私密的工具，雖然無法擴大認知，但

點閱率很高，可以提升消費者對產品的興趣，對產品有濃厚的興趣便會促進購買，此工具能達到興趣和購買的作用。

我們必須**理解各個工具的特性，利用不同的工具來補足從注意到購買的模式**。

下表有上色的部分便是各個工具所擔任的作用。

媒體	注意 A	興趣 I	搜尋 S	購買 A	分享 S
媒體報導／出版					
Facebook					
Instagram／Twitter					
部落格					
電子報／LINE 官帳					
官網					
免費線上課程平台					

首先，先在自己經營的工具裡畫上〇。之後再確認自己使用的工具是否有做到以下二件事。

· **是否完全補足 AISAS 模式**
· **做到「注意（A）」的工具有二個以上**

以我為例，下頁表格內有畫●的部分即是我用來補足模式的工具。

比如說注意（A）「首次宣告」的工具，我用「媒體報導／出版、Facebook、Instagram／Twitter」。約占九成的顧客都是使用這些工具來獲得認知。

讓顧客能產生更濃厚的興趣（I），則以電子報／LINE 官帳為主，再用 Facebook、部落格、官網和免費線上課程平台來補足模式。

加強信賴感的搜尋（S）策略，則是透過社群平台發布媒體報導的消息、或是在官網上刊登顧客心聲，再從「電子報、LINE 官帳和官網」連結至購買（A）。

媒體	注意A	興趣I	搜尋S	購買A	分享S
媒體報導／出版	•		•		
Facebook	•	•	•		•
Instagram／Twitter	•				•
部落格		•			•
電子報／LINE 官帳		•		•	
官網		•	•	•	
免費線上課程平台		•			

由左至右──串聯設計　➡

從認識、注意到分享，由左至右，可以毫無疏漏，知道哪個部分需要補足。網羅這個模式，是為了誘導顧客購買最重要的關鍵。

我自己也會隨時檢查這套 AISAS 模式，「為了強化信賴關係，每週要發出 3 次電子報；新顧客好像有點少，用 IG 來增加粉絲數吧！」像這樣致力於任務分配。

學習各個社群平台的經營方式固然重要，但**不讓 AISAS 模式中斷也是非常重要的關鍵**。這份表格能讓你找出需要補足的部分，請試著擬定創造購買的策略吧！

▶ POINT ◀ ·······································

理解各個社群平台和媒體的特性，檢查自己經營的工具是否符合 AISAS 模式，或需要加強哪些的部份。

第 4 章

用社群平台
引起共鳴，培養粉絲

粉絲暴增的社群帳號
都經過「設計」

這一章開始，要詳細具體說明該怎樣撰寫社群貼文。

好不容易要開始經營社群平台，就會想要培養出**粉絲暴增的帳號**，對吧？為此，**最重要的認知是「粉絲增加的社群帳號設計＝打基礎」**。不易增加追蹤人數的帳號，大多都是發表一些無脈絡可循，有不同主題內容的貼文。

以書藉為例，或許會比較好懂。如果有一本書裡面寫了旅遊、食譜、孩子的學習方法和工作術等各種題材，你會不知道這本書的重點想傳達什麼，對吧！

不易增加追蹤人數的帳號案例

拉麵很好吃

NG

工作令人煩躁

孩子＊＊了

去旅行

看了一本書

這本書，
主題太混雜，不知所云……

社群平台的貼文，基本上和這案例一樣。

必須先來決定你的貼文主題性——從分類開始，看是要走育兒路線、工作資訊，還是要走時尚路線。訂出能主打你專業性的主題吧！

另外，**確立貼文內容「要給誰看」**也很重要。先設定好貼文的受眾喜歡哪種世界觀、平常會閱讀什麼樣的雜誌，便能確立你的定位。

尤其是可以儲存媒體內容的 IG，就像雜誌封面的刊號一樣，因為過去的圖片一覽會被顯示出來，所以確立定位很重要。

為了達到你想要的目標，請按照以下培養粉絲暴增帳號的黃金法則，來設計社群平台吧！

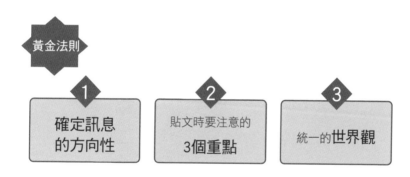

POINT

社群平台的貼文，必須要確定貼文主題和目標客群。

培養粉絲暴增帳號的黃金法則①
確定訊息的方向性

設定明確的最終目標

　　什麼是「確定訊息的方向性」？簡單來說，就是在消費者看了你的社群平台，「**你想讓目標客群對你的產品或服務有什麼想法？**」以及「**他們最終會採取什麼行動（＝目標）**」。

　　重點是，要先設定目標。

　　你是希望消費者看了社群平台後，會有「我想買這個產品」、「我想用用看」的想法？還是「這間公司提供的資訊讓我學到不少」的想法？朝著你的目標來改變貼文的方向性、風格或內容。

　　以主打「安心使用就能變美」的卸妝產品「曼娜麗化妝品（MANARA）」的企業帳號為例，他們就是以讓消費者「想使用曼娜麗化妝品」為目標。「原來這個產品這麼優秀！好想用用看！」「這麼多值得信賴的資訊讓人感到好安心！」而他們的貼文也以打造品牌粉絲的目標為主。

　　另外，致知出版社的企業帳號則是以讓消費者「想看更多致知的資訊（人類學）」為目標。致知的貼文，主要是為有「我要努力更精進」、「想學習人生哲學」之類對人生、工作都很認真生活的消費者，提供能成為精神糧食的有實用資訊。

以「想使用曼娜麗化妝品！」為目標

好想買！

好想用！

決定方向性後所發出的資訊貼文，便能得到目標客群的共鳴與信任。

POINT

你希望在社群平台上了解你的消費者，會對你的產品或服務採取何種行動嗎？先設定一個明確目標吧！

心血來潮的貼文
無法增加粉絲

實際要在社群平台貼文時，你會注意哪些重點呢？

如果只是心血來潮的貼文，很容易偏向自己想寫的內容。既然要貼文，就會想寫出能引起追蹤者興趣、還能取得他們共鳴和信賴，更能達到銷售目的的貼文，對吧？

建議你可以參考以下 3 個重點來貼文。

重點 1：傳達實際成果
重點 2：傳達該領域的實用資訊
重點 3：表現多樣性和近況

然後再**按照剛才決定好「訊息的方向性」，試著改變這 3 個重點的貼文內容比例**。

如果曼娜麗化妝品（MANARA）企業帳號的目標是讓人「想使用曼娜麗化妝品」，以這個目標的方向性來說，只要傳達該領域的實用資訊，以及告訴消費者值得信賴的實際成果，便能達到銷售目的。

另外，以我的 IG 為例，我的目標是希望顧客能有：「好有共鳴喔！有朝一日我想向這個人學習。」的想法。在 IG 上，我很重視「共鳴」這一點，所以我都發表以多樣性和實用資訊為主的貼文。

【實際成果：實用資訊：多樣性、近況的比例】

曼娜麗化妝品 IG……3：6：1

笹木郁乃 IG　………1：6：3

此時要注意的是，貼文不要偏頗其中一項，最好是以 2：2：6 或 3：3：4 的比例尤佳，依照不同目標，均衡改變比例，讓 3 個重點都能按比例出現在貼文內。

消費者無法從貼文者的個性看出服務的價值；全都是實際成果的貼文，只能感覺產品的效果卻無法產生共鳴；全都是實用資訊的貼文，也看不出你的個人特色，也找不到必須從你那購買服務的理由。

確實傳達 3 個重點，就是培養粉絲暴增帳號的鐵則。

▶ **POINT**

為了讓顧客能朝著你的目標行動，就要調整貼文 3 大重點的比例。

培養粉絲暴增帳號的黃金法則② –2
貼文時要注意的 3 個重點

重點 1
傳達實際成果

即使是社群平台的貼文，首先最重要的還是要告知追蹤者實際成果。所謂的**實際成果，就是發表活動內容和顧客心聲的貼文。**

比如說：「舉辦了座無虛席的○○講座。」「舉辦了針對企業的講座。」「有○％的聽眾對講座感到滿意。」要發布這類的貼文，可以順道將講座的現場照片附帶上傳。

而**顧客心聲，則是要發布和顧客的合照，並寫下真實的經驗分享貼文。**若遇到不想露臉的顧客，可用加工的方式遮住臉部，或是詢問顧客是否能以匿名的方式讓你上傳照片。

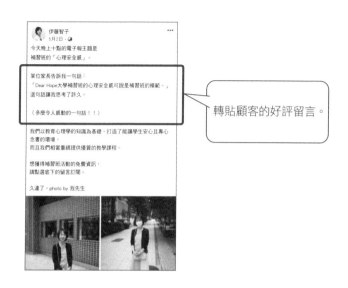

轉貼顧客的好評留言。

介紹「擔任○○講座的講師獲得好評」的貼文。

POINT

在社群平台展示實際成果時，可以附上照片加深印象。

重點 2
傳達該領域的實用資訊

　　要發布實用資訊的貼文時，料理研究家就該介紹省時食譜、而我會介紹行銷成功的祕訣，重點就是發布能展露出你專業性的資訊。對消費者而言，當他們從一則真正實用的貼文中獲得新知，就會轉發這則資訊。身為某個領域的專家，就是要發送讓人感興趣的內容，並且巧妙地引導大家將你的帳號放入追蹤清單。

【只有你（自家公司）能傳達的實用資訊】

（例）

- 烹調器具廠商→使用烹調器具做出簡單料理的食譜
- 寢具廠商→深層睡眠的祕訣
- 出版社→成功人士的名言
- 行銷專家→社群行銷的最新資訊
- 料理研究家→健康食譜和使用當地蔬菜的食譜
- 服裝品牌→衣服的穿搭術

發表成功人士名言的貼文

發表想跟著做的料理或日常生活中實用資訊的貼文

有助於實際業務的貼文

POINT

加入你自己獨特的觀點，提供追蹤者想知道的資訊和「只有這裡才能得到的」資訊貼文。

046

培養粉絲暴增帳號的黃金法則②–4
貼文時要注意的 3 個重點

重點 3
表現多樣性與近況

　　3 個重點中**最能讓追蹤者得到共鳴，也最容易得到按讚數的貼文，便是表現多樣性與近況。**

　　不論是企業還是個人帳號，都是能感受到經營者溫度及人情味的社群平台才能吸引到粉絲。

　　官方網站雖然必須做成無可挑剔的完美成品，但社群平台不是要讓人看到完美的你，而是**表現出充滿人情味、能引起共鳴的你，反而更能受到關注。**

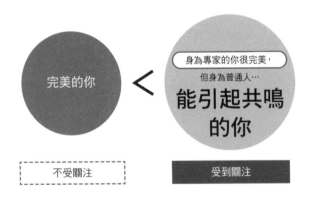

完美的你 ＜ 身為專家的你很完美，但身為普通人… 能引起共鳴的你

不受關注　　　受到關注

　　因為你表現出親人的一面，能一口氣拉近與朋友或追蹤者之間的距離，留言的人與會積極幫忙分享或轉發文章的人也會跟著變多。

　　官方社群帳號也不能一味發布實際成果或實用資訊的貼文，如果能加入經營者個人的私人或幕後花絮等貼文，更能提升追蹤者對你的共鳴。

　　這點也可應用在媒體行銷方面，採訪時不要只提供完美的一面，提供一些準備階段或失敗的小插曲，更能引起記者們的共鳴。

　　表現多樣性與近況，讓其他人有身歷其境的感覺，不論是社群平台還是媒體行銷都會有顯著的效果。

貼文實例

POINT

刻意流露出人情味，引起共鳴和關注，才能培養出忠實粉絲。

047

培養粉絲暴增帳號的黃金法則② –5

社群平台上要讓大家看到「過程」

　　在社群平台上的近況報告重點，不只是發布結果的貼文，而是要「讓大家看到達成結果的過程」，並引起共鳴讓大家產生興趣。

　　如果決定要被雜誌採訪了，就按照以下的方式，透過**多次貼文**，告訴大家雜誌採訪的進度。

・第 1 次：要被雜誌採訪了！（預告）
・第 2 次以後：撰稿中、撰稿結束、採訪結束。（當日情況）
・發行日：今天接受採訪的雜誌要出刊了！（宣傳）

　　依上述的方式，一邊發布採訪過程，一邊公布實際成果，能與大家一起分享要被雜誌報導的雀躍心情。這對引起追蹤者共鳴來說非常有效果。

近況＝在社群平台上公開過程非常重要

✕「結果」

追求完美與完整性
↓
追蹤者
冷淡的反映

◯「過程」

在社群平台上公開準備過程
↓
參與、分享製作過程
產生共鳴，有一體同心的感覺！

　　另外，決定要辦活動時，也因為你發布了讓追蹤者也有參與感的貼文，能提升追蹤者的期待感。若再加上**活動負責窗口個人的發言，會倍感親近**。

〈貼文範例〉

・第 1 次：決定辦活動
・第 2 次：開會討論的模樣
・第 3 次：活動會場的準備畫面與幕後花絮
・第 4 次：活動正式開始的畫面
・第 5 次：開賣後的銷售情形
・第 6 次：獲得○○排行榜第 1 名等，實際成果報告

實例介紹　　　致知出版社發行《致知附刊〈母親〉》的過程

負責窗口的個人貼文大獲好評

POINT

　　在社群平台上發布「過程」貼文，與追蹤者分享經驗，能得到追蹤者更多的共鳴。

撰寫貼文時，要根據社群平台的特性而不同

目前為止已說明過貼文時要注意的 3 個重點，但具體的貼文比例要怎麼設定，就以我個人的範例來加以解釋。

首先以 **Facebook** 為例，將「黃金法則①確定訊息的方向性」設定成「讓大家想要報名行銷補習班」。再來是「黃金法則②貼文時要注意的3個重點」，以「自己與行銷補習班學員的成果」等實際成果和「行銷的優點與如何做出成果」等實用資訊為主軸，按照**實際成果：實用資訊：多樣性＝ 5：2：3 的比例來貼文。**

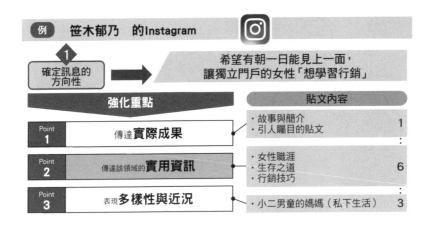

再來是 **Instagram**。我的 IG 將「黃金法則①確定訊息的方向性」設定成「希望有朝一日能見上一面」。而「黃金法則②貼文時要注意的 3 個重點」，因為以實用資訊為主，所以會發出「女性職涯、生存之道和行銷技巧」等貼文。貼文的比例則是**實際成果：實用資訊：多樣性＝ 1：6：3，依照社群平台的特色和目標改變 3 個重點的比例。**

社群貼文很容易偏向自己想寫的內容。

我自己在尚未決定最終目標時的貼文，也曾感覺到自己的貼文散發出「好像在炫耀自己實際成果」的感覺。

不過設定好目標後，不僅理解實用資訊和多樣性的重要，也明白了發布實際成果的貼文有多麼重要。設定好你的目標，再來決定貼文內容和策略吧！

▶ **POINT** ....

因應各個社群平台的特色設定目標，透過改變貼文重點的比例，便能擴大讓各式各樣的人對你的認知度。

統一的世界觀與營業額密不可分

世界觀是為了與他人做出區隔，**一眼就能分辨出這個人或這間公司的形象**。

統一的世界觀，可以增加營業額。

原因之一是「能將顧客變成粉絲」。依照你的價值觀而統一出屬於你的世界觀，讓顧客對你引起共鳴並產生憧憬，便能分享你的世界觀造成「重複共鳴」。

原因之二是能「挖掘新顧客」。把你統一的世界觀展現給尚未對你感興趣的人，激發對方的價值觀及潛在意識，便能擴展可能成為顧客的機會。

以「探究人類學 43 年」的《致知》月刊的商標為例，如果他們的商標是粉紅色的潮流字體，會給你帶來什麼樣的感受？世界觀並不單純只是個形象。當顧客看到你的商標，第一眼帶給他們怎樣的視覺要素，比起你自己或產品本身的價值還要根深蒂固，也有可能反而會造成顧客的流失。

FB 和推特是以文字的貼文為主，與其重視世界觀更重視內容的社群平台；但官網和 IG 可說是能影響世界觀的工具。不只是網路世界，就連公司簡介、名片和產品包裝等實體工具，也

對統一的世界觀非常重要。

　　以蒂芬妮（Tiffany & Co.）來說，他們打造出蒂芬妮藍的統一形象。讓人看一眼就知道，並能馬上說出名字這點很重要。維持一致性也能打造信任感。

致知出版社

POINT

　　透過統一的世界觀，擁有①令人印象深刻②增進信任與憧憬③開發新客源等三大好處。

打造會被顧客選中
的世界觀

　　設定世界觀時最重要的事，**首先要打造會被目標客群選中
的世界觀。**

　　而要做到這一點，首先要**決定出核心的三大關鍵字。**

　　以我為例，原本我就很喜歡粉紅色，所以起初我將商標、
資料和服裝都以粉紅色作為基礎色調。

初期	現在
粉紅色的商標。服裝也是柔和設計。 沒有官網，只經營部落格。 以單打獨鬥的女性之姿發文。	深藍色的商標。服裝是幹練設計。 營造講師精明的形象。有官網。 時常意識要用信任與專業的角度來發文。

　　不過當我詢問顧客「為何選擇報名我的講座」時，幾乎所有人的回覆都是：「值得信任」、「因為曾用行銷幫助過顧客，讓營業額提升 100 倍的確切實際成果」。

　　既然「笹木郁乃＝信任」的形象，我考量到粉紅色的形象代表色似乎會給人反差感，於是在中途便把代表色完全換成深藍色，服裝和髮型也一併更新。改變成讓目標客群看到我會覺得這個人值得信賴的形象，三大關鍵字也設定成「革新」、「真誠」和「光芒」。

　　明確做出與其他人的區別，為了會被消費者選中進行交易買賣，請先決定出你的世界觀。

　　此時請不要依靠自己的感覺來做決定，而是要**參考你的人物誌設計出「你的形象」**，確認是否與自己或自己公司所訂下的目標一致，再訂出世界觀。

目標的世界觀（角色形象）			展現你的世界觀 三大關鍵字 Work times		
笹木郁乃					
世界觀關鍵字（創業家則是角色形象）	革新　真誠　光芒		世界觀關鍵字（創業家則是角色形象）	◯　◯　◯	
主題色	深藍色		主題色		
商標	LITA		商標		
字體	明體　笹木郁乃		字體		

▶ **POINT**

決定出核心的三大關鍵字，便能打造出會被顧客選中的世界觀。

打造品牌的最佳時期

每個時期都要改變策略

　　在前面的章節我們設定了世界觀，但**尚未創業或創業初期的人，沒必要一開始就設定世界觀**。因為你在創業路上，會累積自己的經驗，伴隨著成長的途中，目標客群或世界觀也有可能隨之改變。

　　我自己在一開始雖然有設定目標客群，但到了現在，幾乎不曾照著一開始的設定前進。因為在成長階段發現目標客群和你剛開始想的不一樣，或是自己在提供服務的過程中逐漸明確目標客群，這都是常有之事。建議等到了那個時機點，再開始致力打造世界觀。

　　我自己一開始的形象色是粉紅色，但在中途便重新打造品牌，在思考目標客群的同時把形象色轉換成深藍色。這時才頭一次砸入經費製作商標、架設官網和製作公司簡介。萬一還沒決定好自己要做的服務，在創業初期就砸下經費打造品牌，大多數的人在中途幾乎都重複花了第二筆的變更費用。

　　也就是說，在你到達如圖右側**「營業額達到某種程度的時期」**，才要第一次去思考**「致力於實現讓顧客迷戀的世界觀」＝可以砸經費的時候**。

　　當然完全沒有世界觀的概念也不太好，所以初期先設定出一個大概的世界觀，但要花新台幣幾十萬做商標或文宣口號、或是花大錢架設官網等，要傾力打造世界觀是在更後面的階段。

　　如圖所示，**在事業上軌道前必須專心做好行銷、吸客、銷售**，營業額達到某種程度後，才致力於打造品牌。請將這份策略銘記在心。

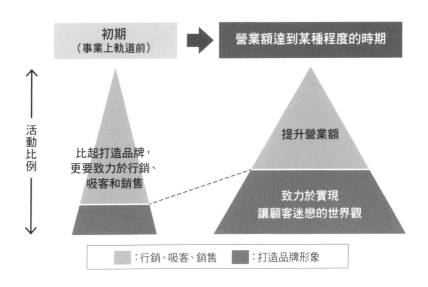

為什麼企業帳號
難以成長？

是否很常聽說這樣的故事？一個普通人從一支爆紅影片開始，短短一年內成為頻道訂閱人數破 220 萬人的 YouTuber，或是在抖音（TikTok）出名後在演藝圈出道。

不過，卻從未聽說過公司利用社群平台變成知名企業的案例。這是因為企業都有「維持形象的包袱」。

對企業來說，社群貼文必須像官網和公司簡介一樣，是無懈可擊的完成品。習慣寫這種完美貼文的企業，和社群平台上所喜歡的**「能夠吸引人注意的是充滿人情味又能引起共鳴的你，而非完美無缺的你」**完全牴觸。

這樣的企業一旦經營社群平台，很容易變成是「企業對人」的網路交流，形成單方面的資訊貼文。很難利用社群平台的基礎：「利用人與人的交流」打動人心。

要打動追蹤者的心，除了要讓他們看到企劃的製作過程，還要努力發出讓追蹤者產生興趣的貼文。

所有事情都做得很完美，只發出：「我們要發售這項產品！」的貼文，只能算是企業單方面在告知消息。

不能只發出這種貼文！應該要發出像是：「我們為了拯救

苦於○○的人，正在研發新產品。」「這個關卡一直無法順利進行，做出了○個失敗作。」加入一點失敗經驗或研發祕辛，或是負責窗口的心情等貼文，便能從「企業對人」進步成「人對人」的交流。

如此一來，便能向對產品興趣缺缺的人分享雀躍感，還能增加分享貼文的次數。追蹤者因為一直跟著產品的進度，而產生了想購買產品的欲望。

即使是企業帳號，**只要流露出「人情味」，便能培養出忠實粉絲**。

企業帳號有時會由好幾位負責窗口來經營，常會發生不同窗口所發出的貼文內容缺乏一致性的狀況。

如果目標是要有企業風格，並打造出受到粉絲喜愛的企業帳號，**設定「訊息的方向性」，負責窗口間必須彼此分享訊息就顯得很重要**。照著方向性，再平均經營「實際成果」、「實用資訊」和「多樣性」這三大主軸，便可維持統一的世界觀。

POINT ·······

企業的社群帳號，不該以「展現完美的品牌形象」為主，而要重視「人與人的交流」。

不要被追蹤者的反應影響

　　我已提過社群平台最重要的是要引起共鳴。但很可惜的是，**光引起共鳴無法促進交易買賣**。要與交易買賣扯上關係，有兩個重點。

・**必須要有發出吸睛貼文的覺悟**
・**別太在意按讚的數量**

　　第一個重點，是必須要有「發出吸睛貼文的覺悟」。

　　畢竟社群平台是讓大家知道你存在的入口，也是 AISAS 模式裡吸引人注意（A）的工具，如果沒有與其他競爭者作出區隔，結果就是無法吸引人注意，也無法讓人認識你的品牌。

　　「老是提實際成果，看起來很像在炫耀」或許會被人這麼解讀。的確多少有人會產生「反感」。不過這麼做，還是能顯著增加新顧客。

　　假設你透過宣揚實際成果，原本只有 100 位的顧客暴增了 10 倍，但可能有少數人會對此產生反感。如果你是經營者，你會作出何種判斷？你會為了不想被少數人嫌棄，而放棄這麼多

新顧客嗎？

　　這裡要做到的是確實宣揚實際成果，抱持著要吸睛的覺悟，才是社群行銷成功的重點。

　　而另一個重點是，別太在意按讚的數量。

　　以我而言，育兒經和夫妻爭執等私人貼文，比較容易得到較多的讚。

　　貼文獲得很多的讚，的確會讓人感到開心。但這只不過是滿足你「渴望被肯定」的欲望。實際上，下意識會在乎周遭反應的人，容易發出能獲得較多按讚數的貼文類型。即便你非常想要得到很多的讚，過多的私人貼文，並無法與交易買賣扯上關係。

　　社群平台最重要的就是引起共鳴。但是光引起共鳴無法促進交易買賣。你必須對此有所認知，為達到自己的目標，要意識到貼文時要注意的 3 個重點，發出不偏頗的貼文。

> **POINT**
>
> 太在意追蹤者的反應，無法達成你的目標。

個別分析社群貼文的 3 個重點型態

最後讓我們來檢查你的社群貼文型態吧！在培養粉絲暴增帳號的黃金法則②「貼文時要注意的 3 個重點（P.112-117）」中，在你的貼文之中，哪一類貼文的比例占多數？一起來檢查貼文的「傾向與對策」吧！

【分析型態】

◆**實際成果的貼文較多者**：雖然粉絲數不多，但讓人容易感受到價值觀，「我能放心把錢付給這個人」，是**容易促成交易的類型**。

◆**實用資訊的貼文較多者**：這一類人的特色，是追蹤者和粉絲人數很多。不過，從你這裡獲得有利資訊就結束了，**會不會從你這裡購買產品是另外一回事**。

◆**多樣性與近況的貼文較多者**：會引起追蹤者想親眼見你本人的欲望，只要見過一次便得到滿足，當個朋友就結束了。是**很難會聯想到要跟你買產品**的類型。

【傾向與對策】

這三個重點各有各的特性及意義。請確認以下的表格每個

重點的優缺點，並思考自己的帳號該按照怎樣的比例貼文，才能增加粉絲。

	優點	缺點	對策
實際成果	· 能獲得信任感和安心感 · 易促成交易	· 難以被追蹤 · 難以增加粉絲 · 易讓人感到恐懼 · 難以獲得共鳴 · 難以擴展認知度	· 追加多樣性和實用資訊的貼文，引起共鳴增加粉絲數
實用資訊	· 容易獲得按讚數 · 容易被追蹤 · 有很多粉絲	· 獲得資訊後容易被迫結束交流 · 會不會與你交易是另一回事 · 難以獲得共鳴	· 透過傳達實際成果獲得信任感，也增加傳達多樣性的貼文，以利增加粉絲
多樣性	· 容易表達出經營者的個性 · 容易讓人產生共鳴 · 容易獲得按讚數	· 容易變成單純交朋友就結束了，難以促成交易	· 追加實際成果的貼文，增加追蹤者的安心感

▶ **POINT** ···

了解自己的社群貼文傾向與優勢，再擬定加以強化的對策。

發送多樣性內容及實際成果，增加粉絲

【攝影師 鬼頭望小姐】

　　鬼頭望小姐自 2016 年成為自由攝影師以來，經由介紹及口碑拓展業務，曾接過知名作家的座談會、大型企業案件和創業家的簡介攝影，擁有回客率超過三成的實際成果。

　　她自己經營的社群平台也獲得許多粉絲的回響，不僅是名攝影師，更是具有網路聲量的網紅。

　　鬼頭小姐的成功重點在於：「**巧妙地將自己的多樣性、個性與實際成果一同發文**」。

【發文重點】

　　鬼頭小姐在發送自己的多樣性貼文時，內容並不全然和工作毫無關係，而是以「攝影師真實的心情」來貼文。

　　因為鬼頭小姐把「自己不擅長面對鏡頭，所以想幫助同樣感受的人」的心情，連同自己拍攝的照片，不斷地上傳到社群，獲得了許多網友的共鳴，增加了不少從眾多攝影師中，「只想給鬼頭小姐拍照」的粉絲。

　　此外，她也會**標記拍照的顧客，介紹顧客是位很棒的人**，並上傳至社群平台，藉由顧客分享轉發貼文的方式提高知名度。

鬼頭小姐不僅會主動向網友發出交友申請，還會積極地按讚留言和大家交流，讓自己的貼文能一直保持在熱門榜上。

工作上一起共事時，會互相標記彼此，並寫上感想發出貼文，讓彼此的追蹤者認識自己，在提升認知度上做足了工夫。

Facebook 的貼文只會顯示開頭的五行文字，因此要推敲這篇貼文是否會讓人想繼續點開閱讀也很重要。如果在貼文內放上連結，或

是與工作相關的聯絡資訊，若不是死忠鐵粉很難會去點擊，所以要用心寫出能傳達內容的貼文。

> **POINT** ....

可以透過標記對方加以介紹，讓網友分享轉發貼文以提升知名度。

056 實用資訊貼文的成功案例

持續發送使用者尋求的資訊

【MATE（我的節約生活）】

「MATE」是日本知名網路媒體，每天都會發送能輕鬆的簡單「節約術」、「生活祕技」和「生活資訊」等貼文，在 IG 上擁有 78.7 萬名粉絲（2022 年 11 月統計，包含 MATE_mama 等姊妹網站，MATE 整體約有 87 萬名粉絲）。

成功模式

 MATE
（每天發送能輕鬆實踐的簡單「節約術」「生活祕技巧」「生活資訊」）

貼文型態

＊實用生活資訊
＊有親和力的貼文
＊每天不間斷

↓

培養出**忠實鐵粉**，
靠口碑吸引近80萬名粉絲

不做活動、不打廣告

　　為什麼他們的粉絲數這麼多？因為他們不是發出「IG 美照」，而是每天從不間斷地發送能簡單執行的節約術或實用生活資訊貼文。

　　持續向目標客群發送實用資訊貼文，不僅能培養出忠實鐵粉，還能靠口碑吸引近 80 萬位粉絲。

　　最近的 IG，比起發送美照或圖片的貼文，**發送專為粉絲打造的資訊貼文模式變得非常多**。尤其是企業帳號，更是有策略性地打資訊戰。

　　社群平台不是發送你想表達的貼文才是正確答案，而是**發送使用者需要的貼文才是正確答案**。重點是只要發現每天的發文中有反應還不錯的貼文，就要不斷增加發送該領域的實用資訊貼文。

　　社群平台的雙向交流很重要。請一定要觀察追蹤者的反映，再來確立具有你個人風格的貼文型態。

▶ **POINT** ┄┄┄┄┄┄┄┄┄┄┄┄┄┄┄┄┄┄┄┄┄┄┄┄┄┄┄┄┄┄┄┄┄┄┄┄┄┄┄

策略性地發送目標客群所尋求的資訊貼文。

若只能經營一個社群平台
──就選 Facebook

　　如果你想要經營一個社群平台來做交易買賣，建議你專攻 Facebook。

　　我自己在經營各種社群平台中，覺得 Facebook 對創業家、經營者和商業人士的效益最高。原因如下：

①雖然用戶很多，但多以私人使用為主

　　→雖然跟別的社群平台相比，Facebook 不夠新穎，但因為要用本名註冊，貼文反而帶給人信任感。有意識地發出行銷貼文，與眾多商業人士產生連結，可當作藍海社群來活用。

②是經營者和商業人士擴展人脈、蒐集與發送資訊的地方

　　→有許多人把 Facebook 當作擴展人脈、傳達自我思想和蒐集新資訊的地方，這裡聚集了許多有上進心又熱愛學習的用戶。如果你向這些用戶發送好友申請被確認後，自己發送的行銷貼文能確實被他們看到。比起其他社群平台只能等待對方追蹤，Facebook 可以自我推銷，可說是較易與他人作連結的社群平台。

　　我自己在創業初期，想把 Facebook 當作大家認識「行銷補習班」的契機，因此開始針對個體戶發文。

　　我的公司裡有針對企業的行銷代理服務，明明在創業初期沒做銷售也沒打廣告，卻有營收 100 億日圓規模的企業及高知名度的企業成為我的顧客。

　　會讓這些企業前來諮詢的契機，最多的原因都是「從 Facebook 和電子報上認識笹木郁乃」。因此利用個人的 FB 貼文，來培養出能與人分享信任感和安心感的社群平台，能帶給 B2B 業務莫大的影響，我對此非常感同身受。

　　此外，也有行銷補習班的學員，以經營 Facebook 為主而在很早期就得到成效的案例。（請參考書末案例）

◆使用 Facebook 效益最高的職業與工作
・中小企業的老闆
・自營業者
・從事 B2B 相關業務人士
・不動產、講座、高價品等，針對高收入族群的交易買賣者

POINT ....

　　若很猶豫不知該選哪個社群平台當作主力，強力推薦經營交易買賣效益高的 Facebook。

第 5 章

各社群平台的活用法

實際成果的
貼文與增加好友很重要

　　這一章起，要向大家說明經營各個社群平台的困難點和重點培訓。

　　Facebook 在社群平台中必須以本名註冊，引起論戰的風險低，且非常有秩序，是個能認真瀏覽的社群平台。其特色如下：

- 一天一貼文，可擴大認知
- 資訊能擴散至朋友的朋友
- 轉發性不高但值得信任

　　如果想要招募員工、B2B 業務、提升技能、自我啟發、找工作等，或是想要利用無形的服務、知識和實用資訊來創造商機，強烈建議你使用 Facebook。

　　在前面的章節已告訴過各位行銷設計，簡介對社群平台來說也很重要，但 Facebook 的簡介欄只能放 100 個字。有鑑於於，**傳達信任感會比較容易促成交易**，所以重點在於確實記錄「實際成果」。

【Facebook 的困難點】

①被熟人看到很難為情

雖然要用本名註冊讓人很安心，但最多人認為被熟人看見很難為情的也就是 Facebook。

不過若要活用於交易買賣，不在社群貼文讓大家知道你的存在，無法獲得共鳴和信任就什麼都無法開始。

如果還是很排斥這一點，不如改用其他不須本名註冊的社群平台，或是乾脆申請新的帳號，和親朋好友及前公司同事的關係作出區隔。其實我在創業時，也是從新的帳號從頭開始，以「公關企劃笹木郁乃」的身分，光明正大地貼文。

②很少人按讚，貼文也沒人分享

先從**積極主動加別人好友**開始吧！不論你的貼文寫得再好，好友人數少，按讚數自然也不會增加。最有效果的加好友方式請參考法則 59、60（P.140 ～ 143）。

社群用戶通常都不想做很麻煩的事，所以像是只分享「我更新了部落格」和單純轉發文章是貼文大忌。

為了和其他用戶在 Facebook 中取得交流，一定要確實發出圖文並茂的貼文。

此外，如果在 Facebook 上老是發出只有外部連結的貼文，按照 Facebook 的演算法，會很難把你的貼文顯示在熱門動態，請務必注意。

▶ POINT ◀

積極主動加別人好友、發送實際成果的貼文，才能在社群平台上引人注目。

059

增加好友的方法①

增加好友以便發展交易的方法

【Facebook 的重點培訓】

　　一般來說社群平台的追蹤者和按讚數愈多，才能證明你具有「人氣」的傾向。這裡要介紹 3 個策略性增加 Facebook 好友數和按讚數的訣竅。

①自己積極主動加別人好友

　　經營社群平台第一件該做的事就是「增加好友」。尤其是**剛開始的一個月，要以增加好友占七成，貼文占三成**的模式，自己主動去加別人好友。

　　雖然電子報的訂閱人數要增加到 1,000 人很困難，但 Facebook 的交友申請只要對方按下確認，好友數馬上便能達到 1,000 人。

②尋找和銷售的目標客群重疊的朋友

　　應該加什麼人當好友會比較好呢？隨便亂加好友一點意義也沒有。必須找出和自己的**事業有關聯的目標客群，且頻繁地在使用 FB 的人**，向對方提出交友申請。

　　首先從和自己從事同類型事業的人之中，找出貼文按讚數

常超過 100 個的人。

假設你是烹飪老師，把同樣開烹飪教室的 A 當作目標。A 有許多朋友也喜歡烹飪，可以預設他們和你的目標客群和嗜好是相近的。只要你向這些人提出交友申請，便能和對你的事業有興趣的人產生連結。

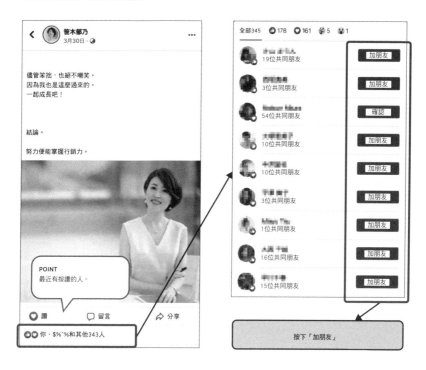

剛開始一個月的任務，是增加好友占七成、貼文占三成。

060

增加好友的方法②

如何挑選「好友」以增加按讚數

③分辨出頻繁使用 Facebook 的人

　　增加好友最常出現的失敗案例：「從 A 的朋友列表依序由上往下加好友」。為何這麼做不行呢？因為從列表中無法得知這個用戶是否頻繁使用 FB。**如果對方沒有頻繁使用，即使你加他為好友，也不會增加你的按讚數。**

　　要如何增加頻繁使用 FB 的好友？針對**有對 A 最近的貼文按讚的人**，一天向 50 位提出交友申請即可。如果一天之內向數百人提出交友申請，會被 Facebook 管理員認為在惡作劇，帳號有可能會被停權，還請多加留意。

　　想要更有效地增加好友，請試著參考以下的表格。

　　雖然有人會先仔細確認對方的資訊後才會提出交友申請，但這會花太多時間，讓人很難維持下去。一旦選擇了 A，就按照②、③的基準開始申請吧！

【交友申請○×檢查表】			
隨機申請	×	相同生活圈的人	○
目標客群重疊的用戶	○	有200多位共同朋友	×

　　此時有一點要特別注意，你們的共同朋友若多達上百人，便不必向對方提出交友申請。因為你們的共同朋友這麼多，就表示有可能會多達上千人，如此一來，他們把目光停留在你貼文上的可能性變得非常低。

　　或許有人會擔心，「突然向對方提出好友申請不知道會被怎麼想」，增加好友並無壞處。不想加好友頂多就是沒被按確認而已，甚至也有人會很感謝你加他好友呢！

　　利用 Facebook 成功交易的人，都是在剛開始的一個月有確實執行增加好友清單的人。

　　媒體行銷要實際見面交換名片非常麻煩，與此相較之下，社群加好友可以用非常快的速度擴展知名度。尤其在這個要實際面對面很困難的時期，特別推薦使用這個方法。

POINT

　　不是單純地增加「好友」，而是要分辨出頻繁使用社群的人，向對方提出交友申請。

利用主題標籤就能與核心粉絲產生連結

　　要活用 IG，最重要的就是活用它最大的特色也是優點的「主題標籤」（#hashtag）。有調查結果指出，最近「想知道最新的體驗事物」，都不是利用搜尋網站搜尋，而是活用 IG 的主題標籤。

　　尤其是把「想多了解這項產品！」的用戶連結到產品官網，非常建議可以發送體驗新事物的觀光業和服飾業、以及零售商使用 IG。

　　由於 IG 是個以自己的興趣和價值觀為主軸，用戶會自己主動搜尋資訊的社群平台，因此也有只要曾經購買過，回購率特別高的特色。

　　此外，IG 的用戶約有七成是年輕女性（18 ～ 29 歲）。這個年齡層與其受廣告或雜誌影響，更容易受自己追蹤的網紅影響，因此只要引起這個年齡層的共鳴，便更容易擴大知名度。

　　如果很排斥像 FB 那樣自己主動加別人好友的話，可以使用容易培養核心粉絲又方便促成交易的 IG 吧！

【Instagram 的困難點】

①過於在意 IG 美照而迷失了貼文方向

比起放單純吸睛 IG 美照，更該重視**這張照片是要「給誰看？」、「要傳達什麼主題？」**。可以先列舉出同類型的人，研究看看他們都發出怎樣的貼文吧。

②很難促成高價買賣

IG 的主要用戶是年輕女性，所以有人認為此社群平台很難促成高價買賣。

除非你要賣低價產品，或是不在 IG 上販售，只是要引導顧客訂閱電子報或加入 LINE 官帳，確實分享價值觀後再進行推銷，如此才有機會販售高單價產品。

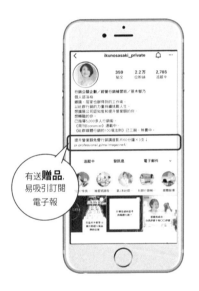

有送**贈品**，易吸引訂閱電子報

在 IG 曬美照已經過時了，現在更重視提供追蹤者「給誰看的主題」實用資訊。

讓 IG 用戶主動找到你的方法

有效運用主題標籤（#hashtag）

【Instagram 的重點培訓】

①建立能被搜尋到的帳號名稱

在 **IG 最重要的是建立一個會被搜尋到的帳號名稱**。先想好「你的目標客群會用什麼關鍵字來搜尋到你」，再來決定名稱。

只用公司名稱或店名會很難被人搜尋到，如果加上「工作」「創業」「育兒」「場所」

或「公關（職位）」等，容易被目標客群搜尋到的關鍵字，便很容易被搜尋出來。

②正確使用標籤

IG 最大的重點即是「# 主題標籤」。因為 IG 沒有分享、轉推的功能，擴散性比起其他社群平台還要來得弱，所以必須活用主題標籤來增加瀏覽次數。

使用適當的主題標籤，能聚集對那個字彙感興趣的人，可

以提升品牌的辨識度和獲得粉絲追蹤，所以該如何選擇主題標籤變得非常重要。

　　主題標籤大致上可分成 3 類。

・**大標籤**（貼文數超 100 萬則）：「#SNS」這類標籤，貼文數非常之多，貼文顯示在頂端的可能性很低，貼文還很容易被淹沒。

・**中標籤**（貼文數 1 萬～ 100 萬則）：「#SNS 社群行銷」（貼文數 6.5 萬則），像這類「想和這些人認識」有明確目的的標籤。搜尋這種關鍵字的人也不少，貼文容易顯示在頂端，很適合拿來運用。

・**小標籤**（貼文數 1 萬則以下）：「#SNS 社群經營」的標籤，貼文雖然很容易顯示在頂端，但會搜尋的人非常少。建議在你的粉絲人數較少時可運用。

　　由於 IG 有這類的傾向，所以推薦的標籤選擇方式和分配如下表說明。貼文內的標籤最多可放到 30 個，儘量縮小搜尋範圍，多放幾個標籤吧。

標籤名	建議使用數量	重點
大標籤	10 個	貼文易被淹沒但容易被搜尋到，可大膽地多用幾個。
中標籤	15 個	有明確縮小範圍的主題和目的時可多加利用。
小標籤	5 個	由於貼文數很少，所以很容易成為熱門貼文。

► POINT ◄ ....

恰到好處地運用主題標籤，便能提高抓到目標客群的可能性。

以獨特的發文內容和
勤快地更新刷存在感

在日本，使用推特的用戶僅次於 LINE，位居第二名。不過 LINE 用戶的使用方式較為私密，因此若以資訊分享的社群平台而言，推特可說是實質上的第一名。（註：台灣社群平台用戶位居第六）

由於推特在社群平台中的擴散度高、資訊速度快，因此可利用這種特性一口氣提升知名度，但推特的匿名性質，**也很容易引發論戰**。

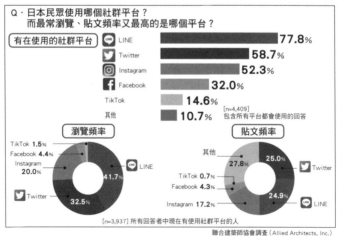

Q・日本民眾使用哪個社群平台？
而最常瀏覽、貼文頻率又最高的是哪個平台？

有在使用的社群平台
LINE **77.8%**
Twitter **58.7%**
Instagram **52.3%**
Facebook **32.0%**
TikTok **14.6%**
其他 **10.7%**

[n=4,409] 包含所有平台都會使用的回答

瀏覽頻率
TikTok 1.5%
Facebook 4.4%
Instagram 20.0%
Twitter 32.5%
LINE 41.7%

貼文頻率
其他 27.8%
TikTok 0.7%
Facebook 4.3%
Instagram 17.2%
Twitter 25.0%
LINE 24.9%

[n=3,937] 所有回答者中現在有使用社群平台的人

聯合建築師協會調查（Allied Architects, Inc.）

【Twitter 的困難點】

①易引發論戰和負面留言

在推特上若只有平淡無奇的推文，會很難增加跟隨者，雖然獨特的發言會使人印象深刻，但匿名性讓推特成為具有攻擊性，且引發論戰的風險又極高的社群平台。很多企業也是害怕這種風險而遲遲不敢加入推特的行列。只要不要發出過於極端偏向政治色彩的內容或負面推文，幾乎不會有什麼問題，但在經營推特前，必須先作好推特一定會有負面留言的心理準備。

②推文很容易被洗掉

推特是個資訊量很迅速的社群平台，必須頻繁推文、轉推和勤快地更新資訊。**若想加強推特帳號，尤其是想讓帳號有超過 1,000 位的跟隨者，就要以「一天發 10 則推文」的目標來經營。**

此外，推特的推文不僅按「喜歡」能上動態首頁，只要有留言或轉推就會被顯示在動態首頁上，可以提升觸及新用戶的機會。

*編註：根據最新一期《Digital 2022:TAIWAN》報告，台灣數位社群平台使用概況如下：

POINT

推特是個必須先理解風險再來經營的社群平台。先以一天發 10 則推文當作目標吧！

跟隨者達 **1,000** 人
是一個轉折點

【 Twitter 的重點培訓 】

①起初以有利資訊：自己的想法＝７：３的比例推文

推特的跟隨人數超過 1,000 人是個重點。剛起步時由於知名度很低，即使你發了自己的私人生活、近況或多樣性的推文，用戶給你的回饋都很少。

正因為你是以某個領域的專家身分來提供有利資訊，用戶認為你有這個價值才開始加跟隨，所以首要工作便是在推特提高知名度。

起初按照「**有利資訊：自己的想法＝７：３**」的法則來推文，只要**跟隨人數超過 1,000 人，再開始慢慢改變推文內容的比例**。

②具影響力的人能帶來多少效益

推特比起其他社群平台更重視交流。有時主動去具有影響力的人的版面上留言或轉推他的推文，讓他為你帶來效益。這麼做，**不僅能讓具有影響力的用戶的跟隨者知道你的存在，也能提高自己被加跟隨的機會**。

與其他的社群平台相同，推特也要自己主動去按「喜歡」、加「跟隨」和「轉推」，做這些事非常重要。尤其是推特的推

文數很龐大,自己的推文會很快被洗掉,所以一定要比其他社群平台還要頻繁更新。

③用封面圖片表現出世界觀

推特雖然是以文字為主的社群平台,但可以設定封面圖片來表現出世界觀。

有時候,可能只是改變了封面圖片,跟隨者就會增加,所以放上能表現出你世界觀的圖片吧。

另外,在推特的自我介紹欄內,也要放上經過行銷設計的實際成果。

所有的社群平台幾乎都一樣,追蹤人數不會自動增加。在這個社群平台當道的時代,要讓其他人看到你的貼文真的很困難。像這樣默默耕耘社群平台,並在社群內開拓商機,尤其在創業初期更要兩者兼顧。

▶ POINT ◀ ....

用有價值的資訊推文和交流力來增加跟隨者人數吧!

電子報要專為「一個人」來寫

　　電子報訂閱戶，是因為想看你發送的資訊，而親自登記自己的郵件帳號，是對你有興趣的顧客。而電子報即是能向你的鐵粉和潛在顧客，分享有利資訊和價值觀，是非常重要的工具。

　　我自己也是把電子報讀者擺在最重要的顧客位置，並謹記要把重要的資訊最先告知他們。

【電子報的可能性】

能確實 將資訊傳達到 訂閱戶手中 ▼ 業績穩定	系統不會變更格式， 資訊不易被混淆	內容充滿該領域 的所有資訊也無所謂

【電子報的困難點】

①沒有訂閱就沒人看

　　要開始做電子報有個時機點。那就是當你在社群平台和追蹤者達到某種程度的交流後，若向追蹤者**告知「我要開始做電子報了！」，評估將會有 100 人向你訂閱電子報的時候**。只要

有 100 位讀者，不僅有促成交易的機會，還能保持繼續做電子報的動力。千萬不能臨時起意開始做電子報，一定要**遵守先經營社群平台→再開始做電子報的順序**。

②無法直接看到訂閱戶的反應，難持續下去

　　電子報和社群平台不同，無法得知讀者的反應。所以有時也會很難持續寫下去。這時只要想著你的目標客群中「其中一位訂閱戶」的臉，然後假裝要寫情書給他。以**專為「一個人」提供有利資訊，並引起他共鳴**的方式來經營才是重點。

③一推銷就被退訂閱

　　電子報最常見的就是，你一推銷產品馬上就被取消訂閱。讀者想要的是有利資訊而不是被推銷，建議電子報的內容比例要以有利資訊：推銷＝ 8：2 尤佳。

　　不過，包含我在內，電子報訂閱戶原本就會有 1/3 的人會取消訂閱。取消訂閱的人在未來也不會成為你的顧客，所以不用怕被取消訂閱。

　　如果太過在意被取消訂閱，是無法促成交易的。只要注意電子報內容的比例，持續寄送電子報即可。

◥ POINT ◣ ......

　　電子報不是日記，而是情書。想著對方，寫出專為對方著想且平易近人的文章吧！

LINE 官方帳號
的優點與缺點

　　LINE 官帳，也就是企業與店家在通訊軟體 LINE 上成立官方帳號，是一種可直接向用戶傳達資訊的服務。

　　LINE 在日本及台灣的用戶數在社群平台中獨占鰲頭，而且基本上大家都會使用這個交流工具，要說使用者幾乎每天都會碰 LINE 一點也不為過。

　　所以比起電子報，LINE 官帳訊息的**點閱機率高，回應也很即時**。

　　我的 LINE 官帳好友人數是 2,700 人，而電子報的訂閱戶累計有 12,000 人。雖然電子報的訂閱人數遠比加 LINE 好友的人數還要高出 4.4 倍，但兩邊對於免費體驗文宣的回應：LINE 官帳有 40 ～ 50 人（回應率 1.8%）、電子報

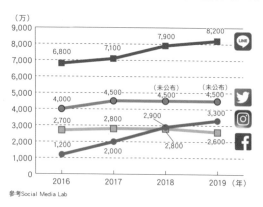

參考Social Media Lab

約有 150 人（回應率 1.2%），相較之下反而是 LINE 官帳的回應率較高。而有這情況的不只是我，大部分企業和行銷補習班學員幾乎都有同樣的傾向。

在理解 LINE 官帳的特性後，請試著靈活運用。

【LINE 官帳的困難點】

優點	缺點
· 只要掃一下 QR 碼就能加好友，難度很低 · 已讀率很高 · 有豐富的貼圖，令人倍感親切 · 可一對一聊天縮短距離	· 一次最多只能傳送 1,500 個字 · 因應群發訊息會酌收費用 · 容易被用戶封鎖 · 易受到 LINE 特有的規格而影響發文（付費機制）

①容易被解除好友

LINE 官帳雖然能很輕鬆地加好友，但只要一向用戶推銷就能輕易地被封鎖，關係甚至比電子報還來得薄弱。因此，在 LINE 官帳上除了要不斷提供實用和有利的資訊，最好還能提供 1 萬日圓（約新台幣 2500 元）以下的產品或免費的體驗課程。

②拿不到好處就不會加好友

由於 LINE 不是擴散型的社群平台，不需要增加訂閱人數。所以想增加好友人數，就必須花點心思，或許能用一點加好友的誘因，如「下次消費打九折」、「贈送教學短片」等好處。

▶ **POINT** ┄┄┄┄┄┄┄┄┄┄┄┄┄┄┄┄┄┄┄┄┄┄┄┄┄

因應各社群平台的優缺點來分開經營，便能使拓展事業更有成效。

隱藏可能與新顧客相遇的工具

　　Clubhouse 是 2021 年初如彗星般出現在市面上的語音社群軟體。不是像單純聽廣播的樣子，而是可以直接發言並參與對話，可說是「語音版的推特」。

　　在日本短短幾周就已有 50 萬名用戶註冊 Clubhouse，這個軟體會突然爆紅，我想可能是搭上了以下這兩檔順風車。

　　第一，發文者和追蹤者已經疲於使用須經過縝密計劃的社群平台。

　　YouTube 的資訊都是經過精挑細選並編輯過的付費內容，而推特則是重視精簡犀利又一針見血的文字。另一方面，Clubhouse 則是完全相反的社群平台。它的魅力在於大家都是隨機加入，只有在那個空間裡的閒聊，**可以體驗到以往的社群平台所感受不到的臨場感和真實感。**

TODAY 21:15　　　　　　　　　Edit

出版、作家出道、電視節目來賓、公關、發掘天才的專家，有關業界的所有內容一次大公開聊天室

w/笹木郁乃公關企劃＆Takatomo─憑藉《怦然心動的人生整理魔法》一書在日美達成銷售破千萬暢銷書的唯一日本人編輯，也是前Sunmark出版社的總編輯高橋朋宏（Takatomo），與著有《0元行銷術》一書，並以行銷專家之姿出現在各大媒體的笹木郁乃，兩位開設了「出版、作家出道、電視節目來賓、公關、發掘天才的專家，有關業界的所有內容一次大公開」聊天室

希望大家能暢所欲言^^

第二，則是受到新冠肺炎疫情的影響。因為警戒狀態，而失去認識朋友的機會和閒聊場所的人，便想尋求 Clubhouse 的慰藉。正因為處於這個時代，它才會變成這麼熱門的工具。

Clubhouse 有以下的特色。

· 完全邀請制
· 必須要以電話號碼和本名註冊
· 沒有存檔和錄音的功能，「禁止存檔、錄音」
· 沒有留言和按讚的功能

根據我自己的分析，**Clubhouse 既有注意（A）的作用，還有讓人對自己感興趣（I）的作用**。

自從我開始用 Clubhouse 之後，IG 的新粉絲數比以前多了 5 ～ 6 倍。可以利用 Clubhouse 擴展認知，讓想深入了解我的人去加我的推特或 IG。

而且 Clubhouse 和 FB 一樣要用本名註冊，比較多人會用來從事商業行為，也有行銷補習班的學員，在 Clubhouse 內認識朋友，而獲得企業的委託案件。

今後 Clubhouse 在日本有怎樣的趨勢，還需要冷靜去分析，但對苦於不知該如何經營社群的人，嘗試一下無傷大雅。

POINT

隱藏可能擴大認知和締造新商業機會的工具。對照它在 AISAS 所處的位置，找出適合自己的活用法。

要持續耕耘
靠自己創造人氣

　　我已將所有具代表性的社群平台介紹完畢。

　　有一點希望大家能注意，**沒必要馬上開始經營全部的社群平台**。最好先從一個社群平台開始好好經營，習慣後再一個個慢慢增加。要是突然同時經營很多個社群，萬一沒時間更新而放任不管，被其他人搜尋到，會被認為這個帳號沒有在使用了。

　　最近，各個社群平台間可以互相放上連結，在 IG 的貼文也能同時發布到 FB 上。當然這比起忙到三個月都沒空貼文，用連結的方式來更新還來得好，但 IG 和 FB 的特色不同，老是用貼上連結的方式更新，很容易讓追蹤者對你的帳號失去興趣。

　　社群平台能否成長，端看經營者的熱情。行銷和社群平台一樣，都是要打動人心的工作。你必須認真思考該如何吸粉，如何分享你的價值觀，即使是相同的貼文內容，只要配合不同的社群平台變化一下貼文內容，至少要換一下照片，需要費一番工夫來經營。

　　不論是哪個社群平台都一樣，我認為**經營社群平台的重點即是「持續默默耕耘」**。

　　我自己在創業後，開始經營 FB 的三個月左右，都在不斷發

出交友申請，以及個別對有留言給我的網友發送私訊。

當時正值我開始當行銷顧問的時期，我並沒有向他們推銷，而是默默地回覆留言，去看成為朋友的網友們的貼文並留下感想，單純地在建立信賴關係。如此一來，即使我沒向對方推銷，對方看了我的 FB 也會跑來留言，甚至慢慢地會有人主動來申請諮詢。

或許有人會認為：「既然都有這麼多實際成果了，吸粉速度應該很快吧？」其實不然。「笹木郁乃」這個人，是從沒沒無名從頭開始的。

起初我開放諮詢服務時，完全沒有人來申請，反而是我自己主動去向友人提案呢！

也因為這麼做，我才能得到「顧客心聲」的寶貴實際成果，並以這個當作武器在社群平台上發文。也在這反覆的操作下，身為獨立的公關企劃笹木郁乃，才能獲得信任和知名度。

我常會收到「我就算貼文了也沒什麼反應，是不是沒什麼人氣啊……」「就算我宣傳打廣告也乏人問津，我是不是不被需要啊……」之類的諮詢，但我想說的是：「人氣並不會主動過來」。我希望大家要以「靠自己創造人氣，一開始不被需要是理所當然」的心態來行動。

▶ **POINT** ⋯⋯⋯⋯⋯⋯⋯⋯⋯⋯⋯⋯⋯⋯⋯⋯⋯⋯⋯⋯⋯⋯⋯⋯⋯

積極主動、默默耕耘，才能增加粉絲。

069 社群平台成功吸粉的 3 個步驟①
收集顧客清單

利用跨媒體打造
自我推銷的機制

為了讓社群平台能成功吸粉,有 3 個步驟。

STEP 1：收集顧客清單
STEP 2：在顧客清單內階段性推銷
STEP 3：創造現在非買不可的理由

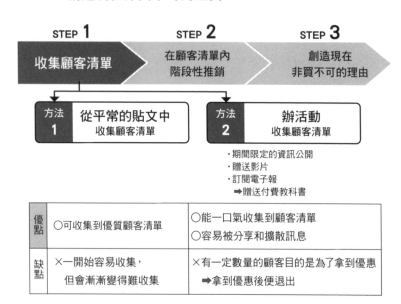

STEP 1 收集顧客清單	STEP 2 在顧客清單內 階段性推銷	STEP 3 創造現在 非買不可的理由

方法 1	從平常的貼文中 收集顧客清單	方法 2	辦活動 收集顧客清單

·期間限定的資訊公開
·贈送影片
·訂閱電子報
➡贈送付費教科書

優點	○可收集到優質顧客清單	○能一口氣收集到顧客清單 ○容易被分享和擴散訊息
缺點	╳一開始容易收集, 但會漸漸變得難收集	╳有一定數量的顧客目的是為了拿到優惠 ➡拿到優惠後便退出

　　收集顧客清單的方法，有左圖 2 種方式，而方法 2 是最近的主流。辦活動讓人有種可以拿好康的感覺，活動內容也很容易被分享或擴散出去，能一口氣收集到大量的顧客清單。但有一定的人數是會在拿到優惠後就會馬上退出，所以現在有許多電子報發文者，若沒送優惠就無法得到讀者訂閱電子報。

　　另一方面，現在有許多人的大多數時間都在用手機，所以並不會點開電子報來閱讀。此時**可以運用策略將電子報的訂閱戶誘導加入 LINE 官帳**。在顧客訂閱電子報的同時，以自動回覆郵件誘導：「同時加入 LINE 官帳還會加贈影片。請各位踴躍加好友喔！」以雙重機關增加顧客接觸社群平台的機會。利用多種工具締造連結，能確實讓顧客接觸平台的優點。

　　不僅是 LINE 官帳，也能誘導顧客加入自己開設的免費線上課程（Facebook 社團等平台），**利用跨媒體的機制自我推銷，是邁向社群吸粉成功的第一步。**

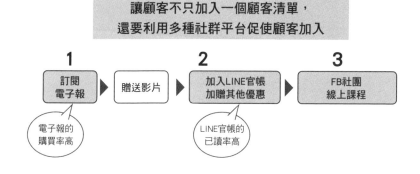

控制吸客的公告流程

　　從這一項開始,要把在顧客清單內階段性推銷的方法分成 3 個階段來介紹。

　　在你的身邊,一定有像右圖一樣 3 個階段的顧客。

① **VIP 客戶**:已經有購買過你的產品或服務的人。對你產生共鳴的人。

② **清單客戶**:有訂閱你的電子報和加入 LINE 官帳的人。換言之就是潛在客戶。

③ **一般客戶**:包含社群平台追蹤者的一般客戶。對你有興趣但還不是鐵粉。

　　當你要開賣產品了,你會如何公告給大家知道呢?

　　在追蹤者較多的社群平台上公告、打廣告、還是同時一起公告呢?答案是都不對!

　　就算你的社群平台上有很多追蹤者,並非所有人都對你的價值觀有很深的共鳴;若同時一起打廣告,好像能同時向大家傳遞相同的資訊,乍看之下好像還不錯,但這麼大張旗鼓地傳送資訊,並不會給任何人留下深刻的印象。

　　為了不讓公告毫無成效，「**階段性推銷**」會更有效果。

　　首先要先向已和你有密切信賴關係的 **① VIP 客戶和對你有共鳴的②清單客戶公開資訊，之後才是③一般客戶，由內向外依序公告的手法。**

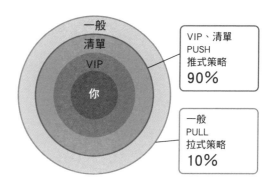

　　你一定要最先把重要的資訊告知占了營業額約 80 ～ 90% 的 VIP 客戶和清單客戶，營造出特別感。等做出一定的業績之後，再把「3 天內已預購 1 萬本」、「開賣三天立即售罄」等實際成果和產品資訊一併告訴一般客戶，便能一口氣變成話題產品。

　　若要在社群平台貼文公告，很容易會讓人想優先在追蹤者數較多的社群平台上公告，但單憑社群維繫關係的一般客戶，還不是很死忠的鐵粉，效果可能不佳。若這個產品可以創造出「銷售佳績」或「值得信賴」的實際成果再進行公告，更能提升一般客戶對產品的濃厚興趣。

　　在社群平台時代，只要能做到階段性告知，便能控制吸客的方法。

POINT

　社群吸客，一定要按照「VIP 客戶→清單客戶→一般客戶」的順序來公告！

071

社群平台成功吸客的 3 個步驟②−2
在顧客清單內階段性推銷

逐漸增加顧客的期望值

公告產品資訊時，**透過 3 個階段進行公告，可以控制顧客的期望值，和提高購買欲望。**

鋪陳期：預告（銷售開始前 2～4 周）

首次公開資訊時，以「尚未正式公布，只在這裡通知」的方式營造出特別感，提高顧客的期待感。

此時要注意的是，不要劈頭就公告顧客：「○○要發售了」。

公告的重點並非「宣傳」，而是要「獲得共鳴」。首先，要將「為什麼要販售這項產品？」的原因和想法告訴顧客，獲得顧客的共鳴才是重點。

倒數期：提前公告（銷售開始前 1 周）

在鋪陳期已獲得大部分人的共鳴後，在銷售開始前 1 周便能告知顧客產品的具體內容。像是：「專為電子報訂閱戶提前介紹產品內容！」營造出特別感的同時，再補充：「已經有收到許多人申請洽詢詳細內容了！」的訊息，慢慢提高顧客的期望值，直到銷售當天。

銷售期：告知追蹤粉絲（開賣後）

不是公告開賣就結束工作嘍！自開始銷售後，還要自己營造「熱銷」的感覺。

比如說，可以藉由轉發已報名的顧客貼文，「原來和我有同樣煩惱及立場的人也報名啦？」「沒想到有這麼多人報名。」來刺激還在觀望的人的購買欲望。

在這個階段才第一次在有擴散性的社群上向一般客戶進行公告。此時的重點在於，把「3 天內已有 100 位朋友報名了！」「還剩下○個名額。」等實際成果一併和產品作介紹。能更容易引起一般客戶的興趣。

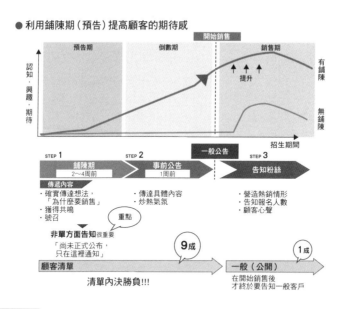

●利用鋪陳期（預告）提高顧客的期待感

POINT

不可劈頭就公告銷售。要以預告期、鋪陳期和銷售期，這 3 個階段循序漸進來刺激買氣。

072

社群平台成功吸客的 3 個步驟③
創造「現在非買不可的理由」

促進購買的零成本標語

我想任何人在網路購物時，都有過猶豫「好像不錯，要不要買呢？」的時候，都會有「反正不急著現在買」，結果就放棄購買的經驗吧？然而我想應該也有人，在猶豫要不要買的時候，若看到了「限時享有○折優惠」、「限時免運」的資訊時，會忍不住按下結帳。

像這樣，透過提示顧客**「現在非買不可的理由」**，可以刺激觀望的人購買欲望。

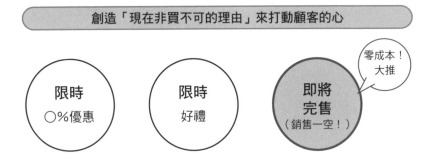

創造「現在非買不可的理由」來打動顧客的心

限時
○%優惠

限時
好禮

即將
完售
（銷售一空！）

零成本！
大推

例

本周前報名 ▼ 笹木郁乃 集體諮詢好禮	報名額滿即 結束招生	明天前報名 ▼ 享九折優惠	3天內報名 ▼ 贈送付費講座 影片禮包

　　贈送「○分鐘個別諮詢」的優惠，對有餘力的人來說是強而有力的促銷，但**最推薦的方式，還是「即將售罄！」和「即將銷售一空！」**的這類標語。

　　如果是「限時○％優惠」或「限時好禮」這類的標語，會花費到成本，但若是用「完售」的標語，既不用成本，也沒有負擔。

　　若想以零成本的方式吸客，以「完售」的概念來創造「現在非買不可的理由」。

理解顧客的心理，創造「現在非買不可的理由」

你：（平常）「招生中。」

顧客：「還有名額嗎？」
　　　「或許下個月還有吧。」
　　　「好像沒什麼人要去。」

✗ 現在非買不可的理由

你：「即將完售！」

顧客：「就快要沒名額了！」
　　　「要趕快報名！」

○ 現在非買不可的理由
▼
吸客力 UP

POINT

以「現在非買不可的理由」來打動顧客的心是決定購買的關鍵。

第6章

不用花大錢
實現媒體主動報導的新聞稿

沒有人脈，還能讓媒體行銷成功的唯一手段

　　第 6 章要告訴各位，為了獲得更多知名度、信賴關係與提升營業額，不可或缺的媒體行銷策略。

　　媒體的刊登資訊，分成兩大類。
　　一個是付費刊登的廣告。現在處於要回收廣告費極為困難的時代，很多人只要知道是廣告，並不太會去看。

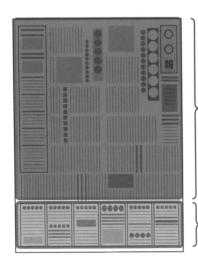

報導
・刊登費：**0元**
・信賴度：**高**

廣告
・刊登費：高價
・信賴度：低

　　另一方面，不會給讀者或觀眾留有推銷的印象，看了反而還能帶給他們信任感的就屬「報導」了。報導和廣告不同，新聞記者會將「內容不錯想告訴大家」的資訊寫成報導。因此讀者會認為「這是有媒體背書，具有公開性和可靠性的資訊」，可以放心吸收資訊。所以之後這就是你要靠行銷獲得的目標。

　　利用媒體行銷獲得媒體報導的方法有 3 種。

　　效果最好的是**開記者會**。不過要開記者會，除了要製造能吸引許多記者來採訪的話題性，還需要場地租借費、人事費，不僅要花時間準備又很傷成本，可說是難度最高的方法。

　　第二有效的是，**直接約媒體人向對方做簡報**。不過，如果你不認識記者，只能直接打電話去電視台或報社，要取得邀約成功率很低，可能會讓人覺得有點難度。

　　最後則是自己**寄送新聞稿**。或許有人會認為「發了新聞稿卻沒什麼成效。」但只要知道正確的寫法和發送方式，即使是沒沒無名的公司或沒有人脈的人，反而會成為能獲得媒體報導的唯一手段。

　　就算你不是行銷專家，或是文筆不好，從今天起任何人都能寫得出新聞稿。只要有新聞稿，便能做出成果，現在起，開始藉由「發送新聞稿」來提升知名度吧！

POINT

　　只要實踐新聞稿的正確寫法和發送方式，便能實現被媒體「報導」的夢想。

你就是「資訊提供者」

雖說要把新聞稿或企劃書發給媒體，但應該有人會擔心「媒體人都這麼忙，可以發新聞稿給他們嗎？」

媒體人很忙是事實，但其實記者和導播往往都在找能報導的題材。因此，對媒體人來說，**發新聞稿的人就是「資訊提供者」**。

實際上，報紙和電視新聞每天報導出來的題材有一半以上的資訊來源，都是從送到各大電視台和報社的新聞稿及信件挖出來的。

向媒體人自我推銷時，如果抱持著悲觀消極的態度想著：「打電話或寄信給他們可能會造成他們的困擾……」默默地會將這種消極態度傳達給對方。試著用積極的態度，以「我對媒體人來說是很寶貴的資訊來源！」的心態來發新聞稿吧！

即使你不認識媒體人也沒問題。當然你有人脈，或許能提高新聞稿被看到的機會，但如果不是很好的題材，媒體也不會來採訪你。

最重要的是新聞稿的內容。我自己一開始也沒有人脈，我的行銷補習班學員也全都從沒有人脈開始，卻還是得到了許多

媒體報導的機會。

　　媒體人為了能比別人更快取得從未採訪過的企業或人的資訊，不分晝夜地在收集資訊。

　　尤其是地方報社或電視台，想要聲援在地努力的居民，而且他們想要為了在地人提供資訊的想法十分強烈，所以這對居住在非都市區的人是大好機會。不管是什麼人都一定會有些話題，**不管是什麼企業，只要依不同切入點找題材，就有非常大的可能能獲得採訪機會，請積極地向媒體人自我推銷吧！**

❶ **記者俱樂部（註）**

直接接觸公司
❷ **傳真、電子郵件、一般信件、電話**

❸ **記者個人的資訊網**
記者自行擷取

報紙和電視新聞
每天報導出來的題材
有**一半以上**的
資訊來源都來自新聞稿

發送新聞稿的你

協助媒體的**資訊提供者**

---

* 編註：記者俱樂部，指的是日本特定新聞機構在首相官邸、省廳、地方自治體、地方公共團體、警察、業界團體等地設置的記者室並排他的組織。若未加入記者俱樂部的記者，特別是雜誌或是自由撰稿記者，很難進行採訪任務。申請加入時要經過冗長及不透明的審核過程，加入後所屬媒體需負擔相關費用。

資料來源：維基百科

▶ **POINT** ⋯⋯⋯⋯⋯⋯⋯⋯⋯⋯⋯⋯⋯⋯⋯⋯⋯⋯⋯⋯⋯⋯⋯⋯⋯⋯⋯⋯⋯⋯⋯⋯⋯⋯⋯

要以你是協助媒體的「資訊提供者」的心態來發送新聞稿。

075

沒有名氣也能吸睛的方法

要以寫情書的心情撰寫新聞稿

在寫新聞稿前，有兩件重要的事。

- **別和大公司做一樣的事**
- **以專門寫給記者「信件（情書）」的心情發送**

以上兩件事。

例如像是 Apple 和 TOYOTA 這類大公司光是聽到公司名，他們的新聞稿一定會被看過。因為他們會寫出有許多人想知道的資訊。而且他們只要發送信件主旨寫著「近期預計開賣的最新 iPhone 有以下的規格」這些客觀事實的新聞稿即可，就算他們什麼都不做，也會有媒體幫忙做成新聞。

但這對剛創業不久的自營業者或無名公司而言，要學大企業做這種「組織發送給組織」的新聞稿發送方式，說實話，別說是來採訪了，就連要看你的新聞稿都有點困難。

對小公司或個人來說，要如何讓媒體人能看你的新聞稿？那就是「以要給單獨一位記者寫情書的心情來發送」。

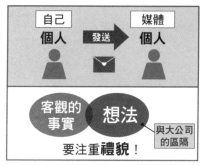

　　為此最重要的就是文章內容和發送方式。從法則 76 開始，會詳細解說方法。新聞稿不僅要像大公司一樣把產品規格和產品概要的客觀事實闡述出來，還要加上「經過行銷設計的故事和想法」。

　　之前也說過，行銷是要打動人心的工作，只要能用故事和想法獲得共鳴，便能讓媒體人認為「雖然沒聽過這間公司，但試著採訪看看吧！」

　　而且要**發送新聞稿時，要由「你」親自發送給「某某新聞的某某記者」**。以希望這位記者能看你的新聞稿，希望由他來採訪的姿態來發送非常重要。

　　下一法則開始，會向各位介紹行銷補習班所傳授的新聞稿格式和發送方式。不論你是第一次寫新聞稿，還是沒沒無名的人或公司，都能用這份格式打動媒體人。先按照這份格式來完成一份新聞稿吧！

▶ **POINT** ⋯⋯⋯⋯⋯⋯⋯⋯⋯⋯⋯⋯⋯⋯⋯⋯⋯⋯⋯⋯⋯⋯⋯⋯⋯⋯⋯⋯⋯⋯⋯⋯⋯

　　撰寫新聞稿時，除了客觀的事實外，還要寫出與大公司做出區隔的故事和想法。

076

新聞稿一張就搞定！

一定要放入 4W

我們來開始進入新聞稿的文案實踐篇。

首先，把**新聞稿精簡成一張 A4 以內**。或許你會認為新聞稿都要做得很精美，資訊要一字不漏的全寫在上面，其實不然。

其原因如下：

- 媒體人很忙
  →他們都只用幾秒鐘的時間來判斷這是不是記者能用的資訊。
- 太過冗長看不下去
  →資訊量的多寡和新聞價值的高低完全無關。
  簡短又精準才能傳達報導的價值。
- 新聞稿只是誘發採訪的動機
  →新聞稿的功用只是要引起媒體人的興趣。只要記者有興趣便會上網搜尋並仔細確認。

基於以上的理由，才會建議你將新聞稿精簡成一張即可。

在理解這些原因之後，讓我們來確認一下在撰寫新聞稿的重點要素。

即是「**何時？何地？何人？何事？（WHEN、WHERE、**

WHO、WHAT）」的「**4W**」。如果沒有明確寫入這個 4W，就會寫成一張只有主張和想法的新聞稿，無法將資訊傳達給對方。不僅限於活動，重要的是一定要明確把 4W 放進新聞稿內。

　　該如何運用 4W 來撰寫新聞稿？讓我們用以下的新聞稿來檢查是否有漏掉 4W。

例 Mama Life Balance董事長　**上条厚子**

POINT

　　新聞稿一張就搞定！最重要的是製造讓人有興趣的契機，並精簡出重點精華。

提高刊登率的
5W3H 法則

　　前一章我們提到了 4W 是新聞稿最低限度的必要要素。如果想要提升刊登率，請務必還要把「**5W3H**」全部寫進去。5W3H 即是在 **4W 加上了 WHY、HOW、HOW MUCH、HOW in FUTURE**。

　　5W3H 之中有加入了記者會想採訪的重點。

　　WHY 包括了①執行目的和②執行背景（故事）。在新聞之中，記者最喜歡其中的故事背景。只要將 WHY 具體化並加強故事性，便更容易向記者傳達你的想法，也能因此獲得採訪的機會。

　　而 3H 裡的 HOW 固然重要，但比 HOW 更重要的則是 HOW

什麼是5W3H？	
WHO	誰
WHAT	做了什麼
WHEN	何時
WHERE	何地
WHY	❶執行目的　❷執行背景（故事）
HOW	怎樣的活動/服務？（模樣、方法）
HOW MUCH	【金額】費用（售價、目標營收、利益預測）→了解經濟規模
HOW in FUTURE	【未來方針與策略】 ・銷售後的未來走向 ・未來發展

MUCH 和 HOW in FUTURE。只要緊扣這兩點來寫新聞稿，必能吸引記者的目光。

HOW MUCH：不僅要告知售價和目標營收，**重點要放在顯示出產品的經濟規模及未來發展**。

記者很重視數字帶來的衝擊。尤其對財經記者來說，沒有金額之類的數字資訊根本連看都不想看。如果能提到「雖然目前的營業額只有○元，但可預期下一季的營收將呈倍數成長」，會讓人有「這間公司有在急速成長」、「這有市場需求」的感覺。

（例）
- 大受好評的╳╳銷售累計終於突破 100 萬個
- 全國鋪貨已超過 1000 間店！
- 目前僅 2 間店，但預計要在今年開幕 8 間店
  →傳達一年內多了四倍的規模感很重要。最好要附有具體成長的數字。

HOW in FUTURE：**這則新聞是否會帶給世界怎樣的變化？或是帶來怎樣的衝擊？**是能不能成為報導的一項判斷基準。以這門生意或這件產品是否能對未來帶來變化的觀點，來撰寫未來方針與策略。

（例）
- 想透過推廣○○，讓日本的媽媽們免於產後憂鬱所苦
- 想靠這本書拯救景氣不佳的日本經濟

▶ **POINT**

最好在新聞稿內置入能看出產品的經濟規模與成長的具體數字。特別是財經記者若沒有數字便不會寫成報導。

製作吸睛的新聞稿祕訣

網羅 5W3H

　　在前項我們說到要注意數字和願景，當然也不是說要完全主推這個部分。

　　要做出完成度高、能**吸引媒體目光的新聞稿**的祕訣，即是**將 5W3H 的項目全部寫進去**。因此，要將重點放在這次最想宣揚的主題。此時就必須確實區分重點的強弱。

　　建議先**完成 5W3H 的表單再開始撰寫新聞稿**。

　　在下一頁，我們假設要成立新的行銷補習班，來填寫 5W3H 表單。再標示出新聞稿的哪個部分有反映出 5W3H。讓我們一起來試看看！

案 例	成立行銷補習班的版本	
WHO	誰	一般社團法人專業PR協會
WHAT	做了什麼	將成立在職培訓行銷補習班
WHEN	何時	於〇月〇日
WHERE	何地	以線上教學的形式
WHY	❶執行目的	讓無名小公司學習不花一毛錢便能利用行銷力提升營業額的技巧
	❷執行背景（故事）	當我自己在協助企業行銷的時候……
HOW	怎樣的活動/服務？（模樣、方法）	學習如何在社群時代運用媒體行銷與社群貼文，讓沒沒無名變聲名大噪的方法
HOW MUCH	【金額】費用（售價、目標營收、利益預測）→了解經濟規模	【金額】月費〇元×12個月／本季預期營收〇元
HOW in FUTURE	【未來方針與策略】·銷售後的未來走向·未來發展	有許多企業受新冠肺炎影響變得不景氣，想讓更多企業能利用行銷扭轉未來，或是讓體制變得更完善。也想培育出想習得一技之長的行銷自由工作者。

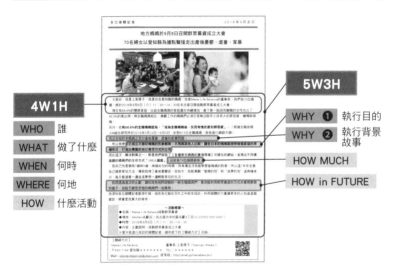

製作吸引媒體目光的新聞稿祕訣，即是把 5W3H 的項目全寫進去！

以記者的視角檢查新聞稿

　　即便你用心撰寫了新聞稿，到真正被記者採用之前還有很長一段路要走。即使新聞稿被看過了，還是很可能會被當作垃圾信件的注意事項要確認。怎樣的新聞稿才能被媒體刊登呢？讓我們以記者的視角來檢查新聞稿。

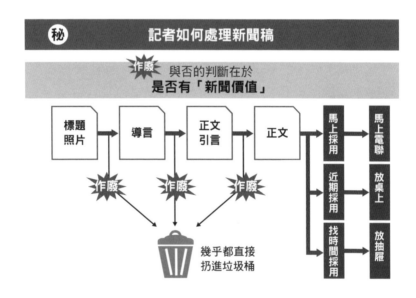

①標題和照片

先說基本的標題和照片。光是這個部分，可說就占了九成的決定因素。

我曾問過媒體人，他們說標題不是用「讀的」，而是用「看的」。大部分都用簡稱或英文，只看一次無法理解的標題，幾秒內就直接被扔到垃圾桶裡了。

②導言

在進入正文前，必須要在 3 ～ 4 行把 4W1H 全寫在導言內。否則好不容易標題和照片都通過審查了，只看前幾行不能了解概要（主要內容）的話還是會被捨棄。

基本上，幾乎都是靠②導言來一決勝負，以「把新聞稿重點全寫在這裡」的決心來撰寫吧！

為了讓新聞稿能「馬上採用」，就必須用任何方式與現今社會情勢作連結。平常就應該多注意的事，並鍛鍊在讀報紙或看電視新聞時保持敏銳度的能力。

POINT

為了讓媒體人能看完新聞稿，必須要先把重點寫出來！

080 提高刊登率的新聞稿格式

7 個項目打動記者的心

現在開始，一起按照行銷補習班的新聞稿格式來完成新聞稿吧！

這份格式是按照右圖的 7 項要素所製成的。

特別要注意的是，要按照**「現在→過去→未來」的順序來撰寫**。過去的新聞稿大多只會寫「現在」的部分，倘若按照行銷補習班「現在→過去→未來」的格式流程來撰寫，不僅有條理，還能讓媒體人有更深入的了解。

要寫在新聞稿「現在」裡的資訊，多是舉辦活動或新產品的銷售介紹，也就是以公開新資訊為主。但是只有活動或銷售的「重點通知」內容的新聞稿，沒沒無名的公司肯定贏不了大公司的規模和輝煌成果。

但是，如果你把公司如何到達「重點（活動或產品銷售）」的過程或故事（過去），以及從這個重點開始會有怎樣的展望（未來）都寫出來的話，能將整件事表達得更具體，也更容易引起對方代入情感及引起共鳴。也因此能打動記者的心，提高刊登率。

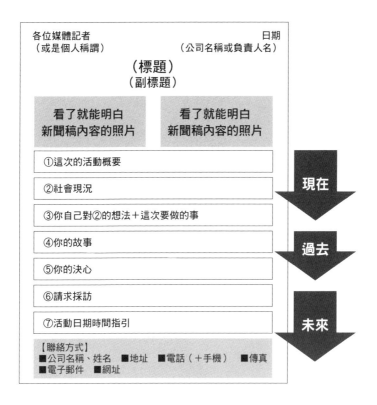

　　如果想要寫入 5W3H，就請務必按照格式實際撰寫。為了要精簡成一張新聞稿，請寫出有重點又簡單扼要的文章。切記要寫出讓人一眼帶過就能理解的新聞稿。

> **POINT** ┄┄┄┄┄┄┄┄┄┄┄┄┄┄┄┄┄┄┄┄┄┄┄┄┄┄┄┄┄┄┄┄┄┄┄┄┄┄┄

　　要寫出能產生共鳴的新聞稿，必須按照「過去→現在→未來」的順序來撰寫。

行銷補習班式新聞稿
徹底解說①

明確說明 4W 與「為什麼是現在？」

我們以實際上按照行銷補習班的格式來撰寫的新聞稿，詳細分成 7 個項目來解說。

①這次的新聞稿概要

活動概要按照 4W1H 法則來撰寫。這次的案例，是媽媽們要召開群眾募資的成立大會活動通知。

（例）2018 年 9 月 8 日 11：30 ～ 14：30 在名古屋有 70 位媽媽，要召開挑戰群眾募資的成立大會。

②「社會現況」（社會現況的詳細解說請看法則 84，見 P.192）

這裡要將「職業婦女和全職媽媽，兩者都很煩惱的問題嚴重性」的社會現況加上數據輔以說明。若沒有以數據輔以說明，無法顯示客觀性，容易變得過於主觀，為了提升信任度，必須提出**統計數字**。

（例）「現在有 68.4% 的雙薪家庭，比起全職媽媽的家庭還在持續增加，產下第一胎因而離職的女性也占了 46.9% 的高比例。與全職媽媽相比，兼顧工作的媽媽們必須忍受無法陪伴小孩長大的罪惡感，蠟燭兩頭燒。另外，也有 56.6% 的全職媽

媽認為：『成為全職媽媽後，反而有愧疚感和罪惡感』。而且也有許多媽媽正苦於產後憂鬱、虐童和家暴問題。」

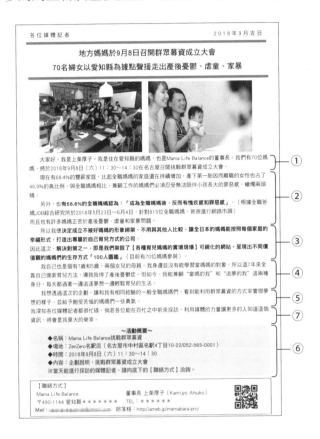

POINT

社會現況若缺乏數據的佐證，容易變得有個人主觀意識。

傳遞故事與對社會帶來的影響

③你自己的想法＋這次要做的事

　　針對②，將你的看法和想做的事寫出來。然後再從中將「正因如此（為了改變現況），才要執行這次的計劃」的具體內容寫出來。如果你已經有和這份計劃的相關實際成果，最好**利用實際成果取得媒體的信任**。

　　（例）「所以我便決定成立不被好媽媽的形象綁架、不用與其他人比較、讓全日本的媽媽能按照每個家庭的幸福形式，打造出專屬於自己育兒方式的公司。因此這次，解決對策之一，即是我們架設了【各種育兒媽媽的實境現場】可視化的網站。呈現出不同價值觀的媽媽們的生存方式「100人圖鑑」（目前有70位媽媽參與）。」

④寫出你的故事

　　這是行銷補習班式新聞稿的獨家賣點，**傳達行銷設計中的「品牌故事」**。記者的使命，即是想透過傳遞產品或服務的故事精神，讓觀眾或讀者獲得勇氣與感動。因此，若能事先寫好故事，方便記者擬定企劃書，也能提高接受採訪或報導的機會。

　　因為新聞稿案例的想法是：「想改變媽媽們辛苦的現況」，

所以寫出「自己也飽受產後憂鬱所苦 7 年，身邊都沒有能學習當媽媽的對象而十分苦惱」的故事，讓這次的成立大會的主旨更有說服力。雖然故事很容易會寫得太長，但儘量像新聞稿案例那樣濃縮成三行吧！

（例）「我自己也是個有 7 歲和 5 歲，兩個女兒的母親。我身邊並沒有能學習當媽媽的對象，所以這 7 年來全靠自己摸索育兒方法，導致我得了產後憂鬱症。但如今，我能兼顧『當媽的我』和『追夢的我』這兩種身分，每天都過著一邊追逐夢想、一邊輕鬆育兒的生活。」

⑤你的決心

你要根據這次的計劃，作出「想實現這樣的未來」宣言。記者會想知道這件事會**對未來產生什麼變化？對社會帶來怎樣的影響？**所以這一點很重要。

如果有明確的目標營收或數字，記得要寫出來。這麼做會特別容易讓財經記者做成報導。

（例）「我想透過這次的企劃，讓和我有相同經驗的一般全職媽媽們，看到能利用群眾募資的方式來實現夢想的樣子，並給予飽受苦惱的媽媽們一些勇氣。」

POINT

在新聞稿內加入豐富的故事，與其他人作出區別。

用具體的日期時間與最後懇求抓住記者的心

⑥活動日期時間指引

　　清楚標示出活動概要（名稱、場地、時間、簡單內容）。此外，寫下「當天能進行採訪的媒體記者，請事先聯絡。」這還包含了確認是否出席的意思。

提升刊登率的重點

 請務必前來採訪。

「○月○日下午二點～
請務必前來＊＊市民文化中心採訪」

記者

「那個時間點去的話，應該能馬上進行採訪吧」

提升採訪
刊登率！

請求記者前來採訪時，若能寫出具體的日期時間，能提高採訪機率。如果沒有明確寫出時間地點，記者還要花時間調查和約時間，很容易讓他們覺得「下次再去也不遲」。所以請務必寫出具體時間。

⑦請求採訪

這在一般的新聞稿上很少見，但這份新聞稿格式，就是用像是寫信的方式，以「請助我一臂之力」的心情來作總結。我曾和媒體記者聊過，他們都說幾乎不曾看過有寫下這最後一段話的新聞稿，而且據說其實被這一段話給打動的記者大有人在。新聞稿也算是和媒體人一對一的交流。請務必加入這一段話。

（例）「我深知各位媒體記者都很忙碌，倘若各位能在百忙之中前來採訪，利用媒體的力量讓更多的人知道這個資訊，將會是我莫大的榮幸。」

POINT

正因為要把活動內容全濃縮在一張紙內，才要連最後一段話都要用心來寫。

單純的宣傳不會吸引記者採訪

社會現況＝
大眾想知道的事

　　我們已介紹完新聞稿的整體製作流程，而要吸引媒體人的重點即在於「②社會現況」。

　　提高刊登率的重點：「寫出與社會（觀眾、讀者）關注議題有關的新聞稿」。也就是主動提起對「社會現況」的問題，並寫出「我們為了解決這個問題而研發了此項產品，並開始這項服務。」不只是單純的宣傳，還帶出了為了解決社會問題的資訊。

　　舉例來說，如果完全不提社會現況，開門見山就寫道：「我們正在販售肌膚保養品」，不僅變成單純的宣傳，甚至還將範圍侷限在只能刊登在美容雜誌上面。

　　因此曼娜麗化妝品（MANARA）在發送「舉辦線上肌膚保養免費座談會」新聞稿的同時，還提到了以下的社會現況。

・受新冠肺炎影響導致視訊會議增加。
・能看到自己的臉出現在螢幕上的機會增加，而對自己的肌膚保養意識提升的男性增加了三成。（株式会社 RANKUP 針對 323 位 20 ～ 70 歲的男性上班族所做的調查）

- 男性化妝品市場銷售額為歷年來最高的 1,200 億日圓（2020 年）。

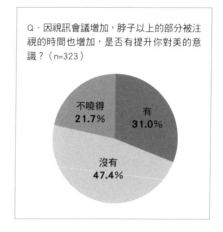

Q · 因視訊會議增加，脖子以上的部分被注視的時間也增加，是否有提升你對美的意識？（n=323）

不曉得 21.7%

有 31.0%

沒有 47.4%

　　如此一來，媒體人不用一一去調查，便能寫出與社會現況作連結的報導，新聞稿也變得容易被刊登。

　　這份新聞稿與社會現況「受新冠肺炎影響導致視訊會議增加」作連結，再以圖表顯示出「因視訊會議的增加，而對自己的肌膚保養意識提升的男性增加了三成」的數據，在用視覺效果來提升理解力的方面下足了工夫。

【 撰寫社會現況的重點 】

- 留意報紙和電視新聞，調查目前媒體所關心的社會現況。
- 透過篩選社會現況來思考如何撰寫新聞稿。
- 不要只寫「逐漸增加、逐漸減少」，要附上客觀的數據資料佐證。

POINT

　　因為多了「為了解決社會現況而開始這項服務」的流程，不僅不是單純的宣傳，而是能成為解決社會問題的寶貴資訊。

新聞稿九成靠標題定案

　　終於要到了撰寫新聞稿的最後階段了。是否能讓媒體人把你的新聞稿看完，以及**能否被刊登的關鍵就在於標題**。如果說新聞稿九成靠標題定案，一點也不為過。

　　有具體的實例會比較好理解，法則 85 以 GOOD 案例為例，法則 86 則是 NG 案例，來告訴你下標題的重點。

　　在寫新聞稿要記住的一點，**等內容完成後再來下標題**。

　　而在這裡要留意的是，新聞稿的標題和部落格、電子報的標題是完全不同的東西。

　　部落格的標題大部分會寫：「○○的 3 項重點」、「不會收納的人要做到的 5 大法則」等，會寫很多吸引讀者點開閱讀的文字。

　　然而，**新聞稿要以光看標題就能聯想得到內容尤佳**。一定要看內文才能看得懂的標題，會馬上被扔進垃圾桶。

重點（訣竅）

▶不誇大事實，語氣堅定平實
▶闡述事實（Fact）恰如其分
▶不使用「！」「？」的符號，不使用專業術語
▶寫出小六生也能理解的文章
▶不使用抽象的字詞
▶具體寫出大量專有名詞和數字
▶儘量不用形容詞（很厲害、很盛大……）
▶用一句話（30字內）寫完（中途不換行）

接下來，我們來看 GOOD 標題案例。

〈GOOD 案例〉

· 因新冠肺炎考慮離婚的已婚者約占四成：減輕夫妻相處時所增加的壓力 ～五大類男性個別交流講座將於 8/21（五）線上舉辦～

以這個案例，我們光看標題就能理解新聞稿的大致內容。

社會情勢：因新冠肺炎考慮離婚的已婚者約占四成

內容：減輕夫妻相處時所增加的壓力而舉辦的線上交流講座

日期：8/21

這麼簡單明瞭的標題，才能吸引記者的興趣。

▶ **POINT** ·····

標題要寫得清楚明瞭，讓小六生都能理解內容！

避免使用宣傳、專業術語和抽象的表現

再來我們看標題 NG 案例。

【標題常見的 NG 重點】

①看得出是商業活動

→只要看到「○周年紀念」、「促銷活動」會馬上被扔進垃圾桶。因為這不僅是單純的宣傳和通知，還看不到與社會現況的關連。

②使用專業術語

→標題要寫得讓小六生都看得懂，所以一定要下工夫把身在業界才看得懂的文字轉換成一般用語。

③**向使用者和顧客的行動呼籲**

→像是「怎麼會有這種事？」「我們要追求○○」等，向顧客的行動呼籲，看起來就像在推銷，所以行不通。

讓我們來看具體的例子。右頁上方的標題使用了「彎板（das. Brett）」的專業術語，只瞧一眼根本不知道那是什麼東西。如果把專業術語換成大家都知道的「木製平衡板」，再加上示意圖，便改善成了能讓人易於理解的下方標題。此外，「被視為

最不安的」這句話，其實只要在內文說明即可，重要的是只需平鋪直敘事實。

即便是完全相同的內容，只要改變標題就能改變給人的印象。雖然下**標題沒有規則可言**，但必須**濃縮新聞稿的精華，變成簡單明瞭的文字**。正因如此，在新聞稿的內文完成後，最後才來下標題是不變的鐵則。

令人看不懂的標題，大部分都是摻雜太多英文、有過多專業術語令人不好聯想，過於抽象。請回顧前一法則的 8 個重點和左頁的 NG 重點來修正你的新聞稿。

POINT
標題不可使用過多的英文和專業術語！

記者可直接刊登在報導上的照片的 3 大準則

要放在新聞稿上的照片，可依以下的 3 項準則來挑選。

- **光看照片便能聯想到什麼情形**
- **可直接拿來刊登的照片**
- **避免使用經過設計、自拍及修圖的照片**

可直接拿來刊登的照片，即是實際舉辦活動的場面或能**傳遞事實的照片**。

電視新聞等媒體，幾乎不會使用自拍照和修圖照。如果有舉辦活動或講座，最好使用像是被採訪的角度所拍攝的照片；如果是產品，則最好是使用能想像得到使用畫面的照片。

【挑選照片的成功案例】
- 受新冠肺炎影響以致外帶需求增加，即使疫情仍然嚴峻也要振興餐飲業 ～使用「當天現產」的磐城地養雞蛋製成的起司蛋糕將親送到府～

　　這份新聞稿一開始製成是使用左邊的照片。可是在照片裡加入文字，這種加工過的照片，容易被人當成「宣傳品」。

　　所以，為了搭配標題內的「親送到府」而更換成右邊的照片。如此一來，能讓人認知這是對區域性的良好對策，而且這份新聞稿也獲得了多數的媒體採訪。換一張照片就能讓媒體的態度有一百八十度的轉變。

（實際的新聞稿刊登於 P.236）

【NG例】　　　　　　　　　　【OK例】

不要做得像廣告一樣使用經過設計的照片，而要用能傳遞事實的照片。

在新聞稿內要放上能表現出標題事實，拍到人物有臨場感的照片。

如何找到容易吸引採訪的切入點

我想各位接下來應該會寫很多新聞稿，但並非時常有新消息或新活動。此時就要藉由以下 3 個切入點來協助。

①節慶性　②區域性　③意外性、優越性

首先是①節慶性。像是情人節或耶誕節等節日，是媒體每年都會採用的**節慶性活動**。每到**這種節慶前，他們一定會想要取得這些題材的新聞**，因此配合季節作為切入點的新聞稿必定能提高刊登率。

除了眾人皆知的活動外，每天還有業界團體所設定的「○○之日」的紀念日。

以除毛沙龍業者來說，就會思考搭配「除毛之日」進行調查，並將結果寫成新聞稿的企劃。

此外，也很建議新聞稿與修法扯上關係。修法時，有許多媒體人會搜尋能與新聞結合的話題。實際上，的確有個身障者福祉團體，搭配「身障者自立支援法」的修法案寫出新聞稿，並成功獲得媒體採訪的案例。因此必須對社會現況時常保持敏銳度。

再來是②區域性，這對住在當地的人特別重要。

地方媒體都會想要對在當地努力打拼的人，或是因應當地對策的題材作採訪。你做的事有多麼貼近當地，是否有解決地方性的問題，只要狂打區域性這張牌，便能挑起媒體的使命感。在新聞稿的標題上花點巧思加入區域性的關鍵字吧。

最後是③意外性、優越性。

媒體人在公司內部要通過企劃書時，**會被問及「為何要選這個題材？為何不用其他題材」的原因**。此時，最容易通過的企劃，即是有意外性和優越性的新聞稿。

試著找出自己的服務裡是否有「熱銷第一」和「日本首次」等優越性，或是「沒有○○也沒關係」的意外性吧！

節慶性	畢業、開學、兒童節、聖節、耶誕節、流行性感冒等
區域性	公司所在地的鄉鎮縣市、出生地、舉辦活動的區域等
意外性、優越性	日本首次、愛知縣首次、唯一的○○、只要這一個、沒有＊＊也 OK！等

POINT ⋯⋯

媒體人會時常對這 3 個切入點保持敏銳度。

第 7 章

主動接觸媒體，
提高知名度

沒有人脈還是能將新聞稿送出的方法

這一章起，將要介紹如何送出完成的新聞稿。

要發送新聞稿最普遍的方式，有以下三種方法。此章將要介紹即使沒有媒體人脈也能發送新聞稿的兩種方法：**①拿去記者俱樂部②郵寄、電子郵件、傳真**。

實踐這兩種方法，獲得與媒體人交換名片的機會，最後才能用最容易發送新聞稿的方法「**③寄電子郵件給交換過名片的記者**」。

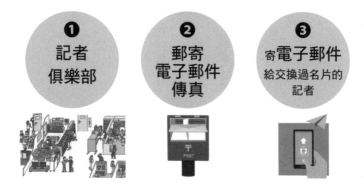

　　剛開始執行①和②，乍看之下或許很像在繞遠路，但有許多行銷補習班的畢業生從完全無行銷經驗到獲得媒體採訪大部分的共通點是：

- **按照行銷補習班的範本撰寫新聞稿**
- **發送新聞稿給媒體**（拿去記者俱樂部、郵寄、打電話、直接交給媒體等）

　　他們都有確實實踐這兩點。

　　透過實踐①和②的方式，創造和媒體人的緣分吧！

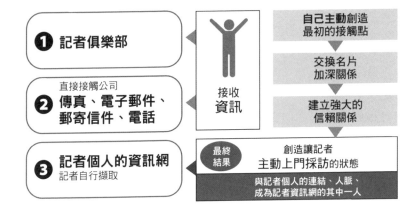

　　只要持續使用行銷補習班的範本撰寫新聞稿和發送給媒體，便能獲得媒體採訪的機會。

090

如何送出新聞稿①
郵寄、電子郵件、傳真

篩選媒體的 3 步驟

要使用郵寄新聞稿的方式，以下 3 步驟是基本作法。

首先，就從「步驟 1 篩選媒體」開始。

為了提高採訪率，與媒體的契合度十分重要。**挑選出主題、內容和專業性和你的新聞稿都一致的媒體吧！**

如果要問獲得多數媒體採訪的人，在哪個環節花了最多時間，一定都是媒體調查。徹底調查自己的新聞稿，最適合哪家新聞媒體、哪位記者，甚至還有人會連記者的社群平台也詳細檢查一番。

比如說你的新聞稿主題是：「有關孩子的教育」，你可挑選出與適合這個主題或讀者群的媒體。接著再搜尋這個媒體所撰寫「有關孩子的教育」的單元，或接近這個切入點的報導。

與其統一發送 300 封新聞稿，不如像這樣進行**詳細調查，追求契合度，主動接觸某位記者**，還更能提升採訪率。

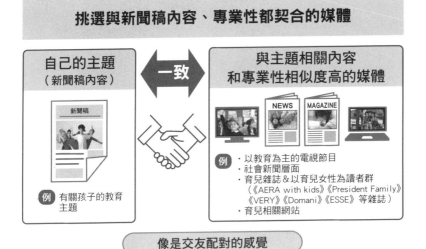

挑選與新聞稿內容、專業性都契合的媒體

自己的主題
（新聞稿內容）

一致

與主題相關內容
和專業性相似度高的媒體

新聞稿

NEWS　MAGAZINE

例　有關孩子的教育
　　主題

例　・以教育為主的電視節目
　　・社會新聞層面
　　・育兒雜誌＆以育兒女性為讀者群
　　　（《AERA with kids》《President Family》
　　　《VERY》《Domani》《ESSE》等雜誌）
　　・育兒相關網站

像是交友配對的感覺

POINT

為了提高採訪率，與媒體的契合度非常重要。

091

如何送出新聞稿②
郵寄、電子郵件、傳真

如何輕鬆發送給特定記者

在前一項我們提到了篩選媒體的重要性，但不管你花了多少時間在挑選媒體，如果你在新聞稿的信封外收件人只寫上媒體公司的名字：「《anan》編輯部收」，即便運氣好這封信被轉交到記者的手上，但因收件人沒寫上記者的名字，並不能讓記者有特別的感覺，要獲得採訪的機率十分困難。想打動對方的心，以向特定記者提案的心情來寄送新聞稿是很重要的。

不過有些媒體即使怎麼查也查不到記者的名字。此時有個方法，能確實將新聞稿寄給負責撰寫該篇報導的記者。那就是**在收件人欄位內清楚寫上「單元名稱」**。

以下介紹具體的方法。

【主動接觸雜誌記者】

假設你想接觸雜誌記者，先從《日經 Top Leader》或《致知》月刊等雜誌中，找出符合新聞稿主題的雜誌，再從中選出相似度最高的報導。基本上，**雜誌報導的最後會寫上記者的名字**，請務必檢查看看。

如果報導後面沒有著名，只要在收件人欄位內寫上「**單元名稱＋負責編輯收**」再寄出即可。雜誌社大部分都由行政總務

人員收受郵件，即使不知道報導記者的名字，只要有寫單元名稱，便能交到負責編輯的手上。

　　只要用這種方法，即使沒有人脈沒有名片也能執行。報紙和網路新聞也能用相同方式來郵寄新聞稿。

　　報紙有時會沒有單元名稱。這時只要寫成「**○○報社 ○○版 日期＋報導標題 採訪記者收**」即可。因為加上了「版名」，更容易被交到記者的手上。（其他還有社會版、生活版、財經版和區域版等）

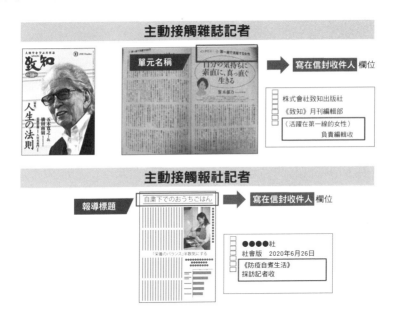

　　在不知道記者姓名的情況下，在收件人欄位寫上單元名稱，也能確實寄到該記者的手上。

092

如何送出新聞稿③
郵寄、電子郵件、傳真

沒想到這麼重要！
問候信的重點

即使是沒沒無名的小公司，也有能與大企業作出區別，並贏得媒體採訪的方法。那就是發送新聞稿時順帶附上問候信。

因為可以在問候信內**傳達「我為什麼會把這份新聞稿寄給你（記者）」的想法**。

由於這封問候信必須隨著發送對象不同來更改內容，寫問候信相當費工費時。不過也因為如此，更能提升媒體人對你的安心感和信賴感，還能留下深刻的印象，能一口氣提升媒體採訪率。我的公司也有向許多企業作行銷，正因為都有附上問候信，所以很常有媒體朋友告訴我：「很高興能收到問候信，讓我留下深刻的印象，所以想要主動採訪」。

問候信最大的特色，如下頁所示，一定要把記者的報導或節目的感想寫得越多越好。

我想你應該有收過 DM，沒有附上問候信的新聞稿，就和投進信箱裡的 DM 沒什麼兩樣。不過，若你收到一份新聞稿，附上一張**寫著對你的工作抱持感謝和感想的問候信**，你對這間公司的印象是不是會截然不同？

問候信內寫下「報導或節目的感想」　打動記者的心

名古屋電視台
《UP》節目製作人

感想
表明自己是
節目的粉絲

> 我每次都很期待收看名古屋電視台
> 傍晚的新聞節目《UP》。
> 我最喜歡〈讓你的幸福UP〉的單元，
> 看到東海地區的居民在各行各業中
> 努力奮鬥的模樣，讓我得到了不少能量。

「因為是你」
才會想把
新聞稿寄給你

發送新聞稿的理由

> 我自己也在名古屋老家，一邊照顧6歲的兒子，
> 一邊在今年創業……從事了許多活動。
> 我也想將能量與勇氣傳遞給東海地區的居民，
> 所以把這份新聞稿寄給您。

如果您能積極考慮刊登此新聞稿將是我莫大的榮幸。
希望貴公司與貴節目事業順利、收視長紅。

聯絡方式

> ～聯絡方式～
> 株式会社LITA　董事長 笹木郁乃（Sasaki Ikuno）
> 〒000-0000　○○縣○○區＊＊＊＊　TEL：000-000-0000
> Mail：XXX@＊＊＊.com（有任何問題可隨時來信聯絡。）
> HP：lita-pr.com/

　　如範例所示，**在開頭便寫下對該名記者的報導或節目的感想，接著是為什麼要將新聞稿寄給他的理由。**

　　光是多了這張問候信，就不再是單純的 DM，或許還能讓記者認為這是專門提供給自己的寶貴資訊。

　　另外，新聞稿和問候信都一定要寫上聯絡方式。就算最後無法獲得採訪的機會，但對方有可能會開心地把問候信收下留存，哪天就有可能會主動聯絡你。

▶ **POINT**

　　問候信是給媒體人留下印象的最佳手段。可以把這當作是在新聞稿無法表達的想法來靈活運用。

093

如何送出新聞稿④
郵寄、電子郵件、傳真

如何提高閱讀機率

提交新聞稿有兩個重點。

首先，**為了提高閱讀機率**，建議「**親筆寫下收件人＋牛皮紙信封**」寄出新聞稿。

印有公司商標的信封，很容易被當作是單純的 DM。但如果用褐色信封再加上親筆寫上收件人，會令媒體人認為「會不會是讀者或觀眾寄來的信？」而容易被拆封閱讀。

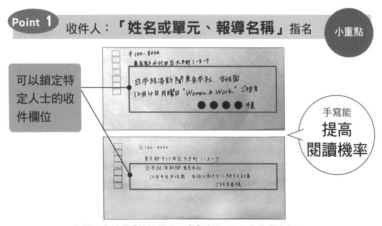

Point 1 收件人：「**姓名或單元、報導名稱**」指名　小重點

可以鎖定特定人士的收件欄位

手寫能**提高閱讀機率**

在網路上搜尋「雜誌單元」或「編輯」的名字非常方便！

問候信可以用 Word 來編輯，但**信封絕對要親手寫**！

第二項是**可選擇用郵寄、傳真或電子郵件**來寄送新聞稿。

能輕易從官網上就能搜尋到地址，所以對現在的時代來說是非常簡單的寄送方式。

當然最好的方式，還是直接寄電子郵件給交換過名片的記者。雖說見過面，但也未必能得到採訪的機會。電子郵件的難度雖高，但相對地閱讀機率也非常高。可以透過積極地交換名片，來增加你的媒體清單。

Point 2 　寄送方式：**郵寄、傳真、電子郵件均可**

※若知道媒體人的個人電子郵件帳號，**寄電子郵件尤佳**

地址的查詢方式

透過媒體官網或日本媒體聯絡手冊查詢地址

①◆◆社○○編輯部△△△收
②◆◆社○○編輯部
2022年1月號「～～」責任編輯收
儘量鎖定特定人士寄送

建議初次嘗試的人使用郵寄會比較簡單！

傳真的查詢方式

透過媒體官網查詢傳真號碼

如果只有公司代表號的傳真號碼，
可以打電話去問編輯部
或
以其他方式去接觸媒體

POINT

　無論使用何種工具，為了避免「被當作是 DM 而未開封閱讀被丟到垃圾桶」，必須要下點工夫。

如何打電話提升
媒體行銷的成效

　　如果想要再提高被報導的機率，還有一個方法是「發送新聞稿前的電話」。或許有人會認為「都網路時代了還要打電話？」但在媒體公關的世界，用電話交流直接表達感受是最有力的武器。

　　可能有很多人會認為打電話的難度很高，但媒體人每天都在為了觀眾或讀者找尋更多的資訊。

　　行銷不是在做業務或推銷，而是為了提供媒體人有利的資訊。請充滿自信撥打電話吧！

◆打電話的好處
- 電話可以聊得比較深入，能提高採訪的可能性
- 可以打聽對方想要的資訊並立即回覆
- 即使無法馬上獲得採訪機會，也能留下對方的電子郵件帳號及姓名。有機會繼續交流
- 透過聲音的交流能縮短距離感

　　不光只是寄出新聞稿，事前若能撥通電話給對方，除了能

和對方聊得更深入，也能及時告訴對方想要的資訊，甚至可以問到對方的姓名及郵件帳號，確保新聞稿能寄到對方的手上，可說是好處多多。

尤其是透過「交談」容易使對方留下深刻的印象，當對方實際收到新聞稿時的感受會截然不同，更能提升採訪的機率。

接觸全國播放的電視台、全國版的報紙及競爭激烈的雜誌等媒體時，一定要事先打電話。

因為媒體記者每天都會收到大量的資訊，光靠一張新聞稿很難讓他們留下印象。對多數人來說很不擅長的電話自我推銷，卻是能獲得採訪的捷徑。

在我的公司，為了讓員工們知道打電話的重要性，我會訂出電話推銷日，做重點式自我推銷，我非常重視與媒體記者的交流。

做電話推銷時，絕對不能擺出業務的態度或放低姿態的方式交談。會讓對方聽得出來你別有居心，對你有所警戒，要像朋友般愉快地聊天：「我想告訴你一些實用的資訊！」這般閒話家常。

POINT

以交朋友的心態來閒話家常。雖然一開始會緊張，但一回生二回熟。

事先打電話追蹤的攻略

讓我們實際上來確認打電話時的重點。

◆電話推銷的攻略

- 說話的順序很重要
  ①表達感想
  ②告訴對方自己的專長與「有助於對方的實用資訊」
- 預約見面（即便被婉拒也能詢問對方的郵件帳號）
- 忌諱毫無規則的打電話
  與其照順序撥打 50 間媒體的電話，不如精選出 10 間聯絡
- 篩選媒體，詳細調查媒體
  為了將感想和有利資訊告訴對方，掌握內容是必要條件

為了讓忙碌的媒體人對你留下印象，說話的順序很重要。

提起「媒體行銷」，多數人會劈頭就說「我們的產品有這些特色，有這麼多很棒的優點！」之類的，不停告訴對方「產品的特色」。

不過，很可惜的是，這並不會讓對方留下印象。

一開始要告訴對方的是，「我為什麼會想向你（這家媒體）

自我推銷」。

好比說，你想要向心儀的人表現自我時，如果你向對方說：「我做得到這種事！很厲害吧！」會發生什麼事？結果應該慘不忍睹吧。

我們不該一味地自我推銷，而應該要向對方表達：「我有注意到你（這家媒體）很常報導這類的資訊。我是○○單元的粉絲，每次都一定會看這個單元（①）。其實我很專精這方面的資訊，尤其是有關○○的資訊，想必能幫上你的忙，所以這次特地聯絡你（②）。」對方對你的第一印象就會有 180 度的轉變。

如此一來也能讓媒體認為：「原來你都有在看我們的雜誌啊！這份新聞稿的確很適合我們的企劃」。也就是說有做好法則 92（P.210）的篩選媒體，便能與對方有更深入的自我推銷。

不是打完電話就結束了，如果能夠見面，請務必嘗試約對方面談。如果見面有困難，起碼要努力爭取「詢問對方的郵件帳號」。只要建立起能直接接觸的關係，對未來的媒體行銷將會是強大的後盾。

POINT

接觸媒體時，先表達感想才能捉住對方的心。

不要發送完新聞稿
就沒下一步動作

　　「怎麼一直沒得到媒體採訪？」「已經很積極了卻等不到記者來採訪……」。有很多人會向我諮詢這類媒體行銷的問題。做不出成果就會失去信心，容易進入負面的情緒迴圈。

　　向做不出成果的人詢問他們的媒體行銷做法，發現大致上分成以下兩個問題。

1、自我推銷的做法太隨便

2、沒有直接向媒體進行自我推銷

　　以第一項為例，沒有考量到新聞稿與媒體的契合度就亂槍打鳥，大量發送新聞稿。這不是「向個別的媒體提供合適的資訊」，而只是「單純推銷」。

　　會在媒體行銷方面陷入苦戰的人，90% 以上都沒有實踐上述的第二項。

　　直接登門拜訪尚未獲得採訪的媒體，雖然方法很老派，但卻非常重要。而且有「讓對方留下印象」和「能直接向媒體說明想自我推銷的原因，讓對方安心」這兩項好處。

　　不僅如此，在對話中還能「得知目前媒體想得到的資訊」

及「能詢問自己的新聞稿為什麼不能用」，也就是能透過媒體視角得到「提示和正確答案」。此外，還能向對方自我推銷：「不然我這裡還有這種題材」，立即修正軌道。光用腦袋想著新聞稿和企劃案，不會接近正確答案。

然而此時能當作最強武器的東西，便是第 2 章法則 25 ～ 29（P.66 ～ 74）所說明過的「公司介紹資料」。

當我在協助企業行銷時，我必須執行「一星期三天，一天見三人。也就是一星期要拜訪 9 位媒體人（從愛知出差到東京）」這項任務。實際行動過後發現，一星期內要見 9 位媒體人的目標難度非常高。

只要實踐本書的 100 個法則，即使不用執行那麼嚴格的目標也能做出成果。不過，直接向媒體人取得聯繫，向對方說明公司介紹資料這一點，仍然是獲得媒體採訪的捷徑。

向媒體直接接觸最重要的就是交流，這不需要技術或專業性，用電話或是 ZOOM（視訊會議軟體）也無所謂，試著挑戰看看吧！

POINT

不只要增加行動量，還要不惜花費時間、精力並持續細心的行動，才能得到成果。

採訪完到刊登前
要做些什麼？

採訪結束，確定會被報導，在最終媒體刊登前還有幾項必須要做的事。

步驟 1 確認媒體刊登採訪、報導日期

採訪結束後，向對方確認報導何時會被刊登、**什麼時間點可以公開報導的消息**。

步驟 2 公告媒體刊登日

刊登日期確定好後，便能公布給合作對象、顧客及相關業者。為何要這麼做？只要被採訪報導過，可以預期洽詢的顧客會變多，而零售商也有可能會追加訂單。

重點是，**務必要在公布報導消息內加入感謝語**。

＊＊ 您好

平時受您的照顧了。○月○日將播放本公司的採訪報導，在此向您報告。

■日期：○月○日○點～

■播出單位：○○電視台

■播放內容……

因為有○○的支持，我們才能獲得媒體採訪。我們由衷地感謝您。

多加了「因為有各位的支持，我們才能獲得媒體採訪」這句話，不僅不會讓人感到厭煩，這篇報導還有助於加深顧客對服務的信賴。

此外，還要在官方社群及電子報發布消息。如此一來，能讓人認為「這是有被媒體報導過的服務耶！」而獲得信賴，還能提升品牌力與增加口碑。和粉絲們一起分享雀躍感，詳情請參考法則 47（P.114）。

步驟 3 媒體報導刊登當天

當天要在社群平台和官網上大肆昭告天下！

在官網和官方社群上公布「○月○日，○○新聞介紹了我們的○○喔！」再附上刊登的網路報導或電視台官網的連結，還能當作實際成果來宣揚。

如果你有實體店面，也很建議你把刊登報導的雜誌放在店裡。不過要注意，千萬不要擺放雜誌的影印版本，或是用電視不停播放採訪的畫面。

步驟 4 向其他媒體自我推銷

有了刊登實際成果，對下次想採訪的媒體而言是「安心材料」。因為有過去的刊登實際成果，對於下次的媒體推銷可發揮很大的威力，記得建檔起來，下次向媒體推銷時再向對方展示成果，更容易締造下次的採訪邀約。

► POINT ┈┈┈┈┈┈┈┈┈┈┈┈┈┈┈┈┈┈┈┈┈┈┈┈┈┈┈┈┈┈

媒體刊登不僅可以當作產品或服務的實際成果，還能活用於下次媒體接觸的策略。

哪些人適合當行銷公關？

很多人會認為行銷公關的工作是「難度很高的專業職位」、「需要企劃與行銷的能力」，但其實不然。

現在活躍於行銷公關的人，有很多是前全職主婦或行政人員，甚至還有理工科系的技術人員等不同出身的人，只要懂得活用以往的工作經驗，可說是入行門檻低的工作。

實際上我所成立的行銷補習班，有許多完全沒經驗的學員，只花了三個月就接到企業委託的案件，並做出實際成果。

行銷公關的工作乍看之下好像很光鮮亮麗，實際上私底下要做的事非常多。媒體行銷雖然大致上是以以下的流程進行，但大半時間還是以默默耕耘、慢慢累積成果的工作為主。

媒體行銷	①製作企劃 新聞稿	②篩選媒體	③郵寄、電聯 自我推銷
	（行銷）	（仔細調查＆銷售）	

媒體行銷大致上分成：①向顧客打聽情報並製作企劃或新聞稿後，②調查媒體，③再向媒體自我推銷，這三大階段。

按照比例劃分，②、③的比例占了大部分的八、九成。就

算對①不擅長的人，看了本書，或是向行銷公關的前輩及夥伴
們請教，再細心執行②和③，還是能做出不輸給有企劃能力的
人的成果。

　　反之，雖然有企劃能力，但卻苦於默默耕耘的人反倒不易
做出成果。即使是技不如人，只要能堅持默默耕耘就沒問題。

　　而我認為最不可或缺的一項重點，即是「樂於助人」的心。

　　懷抱著「想將這個人或產品、服務推廣出去」的熱忱，以
及對任何事都要做出結果的堅持，並能秉持信念腳踏實地行動
的人。我認為這種人一定能做出比任何技巧還要好的成果。行
銷公關是份能讓默默耕耘的人發光發熱的工作。請務必來挑戰
看看！

適合當行銷公關的性格
・ 樂於助人 ・ 有強烈要做出成果的欲望 ・ 堅信任何可能性的人

POINT

能默默耕耘的人必能成功做好行銷公關。學會技能後更能得心應手。

後記——
貢獻我的行銷力，讓所有人和企業都能開花結果！

各位覺得這本書如何呢？

這 100 項法則，全都是基於理工科畢業的我，實際體驗過成功及失敗的體驗，再以邏輯歸納成法則的方法。一般的公關研討會或公關行銷書，大多都是傳授知識及思維，讀過那些書籍的人，看了我這本書應該會感到很驚訝。

我自己在成立行銷補習班初期，也曾以抽象的方式傳達對行銷的思維和精神。但這種教法，會讓人認為「不知道具體應該要做什麼」而很少付諸行動，導致幾乎沒人能做出成果。因為有過失敗的傳授經驗，我才將我的親身體驗，和 LITA 的事業成功案例為基礎，彙集成任何人都能從明天開始實踐的具體方法，才能讓學員理解並加以執行。

這麼做的結果，讓我獲得了媒體採訪、提升營業額且補習班學員大幅增加，行銷補習班也成就了連續 5 年開課座無虛席的盛況。受到新冠肺炎影響至今的 2021 年，也有約 300 名來自日本全國各地的學員來報名上課。

行銷補習班的方法不僅獲得了《PRESIDENT》、《日經 Top Leader》及《經濟界》等多家日本媒體的報導，也獲得 83% 行銷初學者學員「感到實用且重現性高」的良好評價。（針對 192 位行銷補習班畢業生（2019 年、2020 年）所做的問卷調查）。

行銷，是靠自己的每一個行動，以幾乎不花一毛錢的方式提升知名度與營業額，還能大大改變未來的行為。

但反言之，所有的結果都要端看你的行動而定。

　　LITA 雖然有企業行銷代理的服務，倘若該企業的行銷窗口有「這個案件很困難」的想法，便絕對無法做出好的成果；相反的，若心想著「絕對會做出成果！」反而會得到意想不到的結果。

　　會產生這麼大的差異，我認為是行銷公關的熱忱，以及永不放棄的精神，打動了媒體人與顧客的心。

　　只要有永不放棄的精神與行動力，並在社群貼文和媒體行銷方面創意，最終必定能打動對方的心。自己的心態會完全反映在成果上，這就是行銷。

　　LITA 的企業理念是：「貢獻我的行銷力，讓所有人和企業都能開花結果。」會有這個理念，是因為我在與許多行銷公關接觸後，深刻感受到若非打從心底秉持這種信念的人是無法做出結果的。

　　讀完此書後，請你務必帶著「絕對要做出成果」的精神，鼓起勇氣從法則 1 開始全力以赴。在你默默耕耘的行動下，肯定有你想像不到的未來在等著你。

　　到了最後，我真的打從心底認為，此書可以出版，還有我現在能從事這份工作，全都是託補習班學員的福。我對在行銷補習班所認識的各位，滿懷感恩的心。

　　當然還有對「用行銷力讓更多的人與企業都能開花結果！」的理念有共鳴的企業客戶，以及致力於經營行銷補習班的 LITA

夥伴們。正因為我身邊有能一起追夢讓我的內心踏實的夥伴，我才能帶著莫大的信心，持續走在這條路上。

最後，還有給予我誕生這本書的契機的編輯加藤實紗子小姐和協助文案撰寫的上林山惠美小姐。這本書能順利出版，我真的非常感謝妳們！

還有讀完此書的各位讀者。真的很感謝你們能讀完此書。

此外，如同此書法則 55（P.130）所說的，只要在社群平台上標記具有影響力的人的主題標籤，便能擴展大家對你的認知。在發出感想貼文時，請不要客氣加上我的社群帳號標籤。我也會積極幫各位分享出去。

我想應該有許多企業會因為此書而得救。我強烈地希望各位讀者的社群貼文，能讓尚未發覺行銷可能性的人也能了解行銷的魅力。但願各位讀者也能透過行銷力讓自己開花結果 !!

笹木郁乃
LINE 官方帳號 QR 碼

Facebook：搜尋「笹木郁乃」
Instagram ：「@ikunosasaki_private」
Twitter：「@IkunoSasaki」

用實際案例學習
行銷的實際成果

精心撰寫新聞稿，
獲得 40 家媒體報導

簡介

株式会社 Eat Joy Food Service
行銷長 櫻木潔 先生
- 專業 PR 協會公關企劃
- 外食部門統籌兼 CMO（行銷長），負責行銷
  （產品企劃研發、店鋪開發、公關、產品促銷）
  等業務。

　　餐飲業受到新冠肺炎的影響，面臨非常嚴峻的情況，但還是有店家透過行銷讓營業額起死回生。

　　以愛知縣為中心共有 5 間餐廳的 Eat Joy Food Service 行銷長（CMO）櫻木潔先生，在來行銷補習班上課前，便有在從事行銷活動，但對自家產品過於執著，而以「推銷產品」的心態來寫新聞稿，卻一直得不到很好的成果。

　　不過當他使用行銷補習班格式，且加入了行銷設計和社會需求製成了新聞稿後，**光是電視節目便獲得了約 40 家媒體的採訪邀約。**

　　每一次的採訪，不僅是要加深與媒體人的關係，還要找出社會需求，以全新的切入點來製作產品企劃與新聞稿。為了要締造下次媒體採訪的機會，也要頻繁地在社群平台上發出採訪資訊，確實地實踐行銷活動。結果在 2020 年 12 月縮短營業時間的禁令解除後，在新冠肺炎的影響下，少量需求（少人數的預約及單點的顧客）與去年同期比竟超過了 100%。

櫻木潔在每日！北海道物產展 Neo 爐端 道南農林水產部 錦總店。
2021年1月18日 名古屋市

雖然在這種時期…
接二連三地有電視台來採訪了！
東海電視台《TAICHI San！》的今年冬天絕對要吃的火鍋特集。
CBC電視台《花閣Times》的最新系統＆極品美食特集。
我們接受了10家以上的媒體採訪！
雖然處於非常時期，但我們採取了最完善的安全防疫措施，將營業時間縮短至晚上8點。（僅觀豐田店休業）
痛風鍋的冬季食材也僅剩一個月的庫存，快來品嘗喔！
今天傍晚18：30會與CBC電視台的《chant！》現場連線。還有在明天的愛知電視台《5點開始》也會暢談餐飲業的現況喔！

　　行銷搭配上原本就有的企劃能力，不僅提昇了知名度，還對集客做出莫大貢獻。借助媒體的力量達到「傳遞」和「擴散」的效果，成功讓危機變成轉機。

櫻木先生的行銷策略

◆找出社會需求，將此做成新聞稿的切入點
◆製作不推銷產品的新聞稿

Before	◆一心想要「推銷產品」，做成很像廣告的新聞稿，一直沒得到好成果

After	◆利用加入了行銷設計和社會需求的行銷補習班格式製作新聞稿 ·獲得了約40家電視台的採訪邀約（包含10分鐘以上的貼身採訪） ·在新冠肺炎的影響下業績比去年同期增加100%	媒體報導連鎖效應

利用跨媒體行銷，
從小公司成長為大集團

簡介

NPO 法人 Mama Life Balance 董事長
上条厚子 小姐

● 名古屋人。育有 8 歲與 13 歲孩子的二寶媽
● 經歷過結婚生子及全職主婦後，報名行銷補習班，於 2020 年 4 月成立 NPO 法人 Mama Life Balance。受名古屋市委託為民營化育兒支援中心。目前為年收 54 億的株式会社 BORDERLESS JAPAN 集團的子公司。

　　上条小姐身為二寶的全職主婦，還一邊經營美容保養課程，雖然每天從不間斷地在社群貼文，但始終吸引不到顧客。

　　不過當她開始實踐在行銷補習班學到的技巧後，在兩年內單憑社群平台便成功招攬了 400 名顧客。在進行活動時，從「想從事能一邊育兒一邊讓自己開心的工作」的想法中，旋即成立了「100 位媽媽就有 100 種媽媽生活的支援團體『Mama Life Balance』」。

　　透過親自向媒體自我推銷，團體僅成立一年多便獲得了 16 次媒體採訪，也藉此當作提升信賴的武器，而受到名古屋市的

民營化委託。甚至急速成長為大集團的子公司，並成功得到 1,500 萬日圓的資金投資。

　　上条小姐利用社群貼文和媒體報導實際成果，締造了下次的媒體採訪機會，擴大事業版圖，也達成了自己的夢想。正因為她利用了跨媒體行銷來打造香檳塔法則，正是實現夢想的成功案例。

上条小姐的行銷策略

◆努力不懈持續默默耕耘社群貼文
◆將媒體報導活用於下次的事業
　→將刊登過的報導或照片建檔起來並隨時帶在身上，銷售、媒體行銷或採訪時便能直接給對方瀏覽取得對方的信任。因媒體報導而建立起來的信任感，也成功獲得政府委託與集團投資，才能迅速地拓展事業版圖。

Before
◆嚮往創業的全職主婦
　想要經營美容保養課程，但一年365天都在FB貼文卻完全招攬不到顧客
◆受到研討會講師的影響，決心想要改變日本育兒的文化

After
◆以行銷的角度發出社群貼文，每個月都有近10位新學員報名。
　・2年內有多達400名學員報名
　・最高年收120萬圓
◆利用成立媽媽團體新聞稿行銷→成立法人公司
　・受到名古屋市民營化委託，每年約490萬日圓營收
　・獲得16次媒體採訪
　・獲得BORDERLESS JAPAN 1,500萬日圓的資金投資

大幅提升信任感

花心思接觸媒體打好關係

簡介

行銷公關企劃／平面記者
山田佳奈惠 小姐

- 現居千葉縣千葉市 育有一名3歲兒子
- 2012年開始成為自由文字工作者。
  2020年3月受新冠肺炎影響收入銳減。因而
  報名行銷補習班，目前自立門戶成為公關企
  劃。2021年4月，已與6間企業簽下行銷合約，
  收入與去年相比增加10倍。

　　山田小姐報名補習班後，僅花了兩個月便與2間企業簽約合作，同時也開始募集免費體驗協助撰稿。她在FB發出了自己的行銷活動和顧客的媒體報導資訊貼文，建立起顧客對她行銷公關的信賴關係。非常用心做好每件事，是山田小姐的行銷特色。為了提升媒體的反應，寄送新聞稿時，她還會先讀過該記者過去的報導，並寫下詳細的感想。此外，也會調查對方的社群帳號，從對方的興趣喜好中找出共通點，寫問候信開聊，或是打電話時當作話題，下一番工夫一口氣拉近與對方的距離。另外，在書籍行銷上，會直接贈送一本書給對方，並在希望對方閱讀的部分夾上便箋或小卡片，也因此獲得了不少的媒體採

大方地送一本書，並把便箋夾在希望對方閱讀的頁面。

訪機會。

結果她從行銷初學者的身分花了約 7 個月便與 6 間企業簽約，還聘請了 3 名助理。收入變成了以前的 10 倍。未來，她希望能以行銷力幫助千葉在地的企業，並拓展事業版圖。

山田小姐的行銷策略

◆對每一間媒體都要有不同的推銷方式

→為了提升媒體的反應率，要閱讀該記者過去的報導或專欄，並寫下詳細的感想文。打動媒體人的心便能獲得採訪機會。

◆透過與媒體記者的交流締造下次的機會

→徹底分析該記者的社群平台，從興趣和喜好中找出共通點，利用手寫信或電話試圖與對方交流。

Before
◆擔任委外編輯或女性創業家的外聘編輯
・受新冠肺炎影響而流失了大型案件，沒收入也沒工作，有的是時間

After
◆開始募集免費體驗協助撰稿累積實際成果和經驗，並在社群平台上發出活動實際成果的貼文
・報名行銷補習班後，約半年內便與6間企業簽下行銷合約
・月收入是進補習班前的10倍！
・目前已有3名行銷助理，並朝向實現與顧客間的夢想前進

透過
社群平台
發出實際
成果貼文

靈活運用媒體報導

簡介

株式会社 SKB Pure 董事長
鈴木浩三 先生

● 福島縣磐城市人。20 歲創業，27 歲開設餐飲店。34 歲在日 311 大地震避難時決定第三次創業，至今已第 10 個年頭。2019 年自家營運的咖啡廳和霜淇淋專賣店開幕。2021 年 1 月報名行銷補習班。即使受到新冠肺炎疫情的影響，營業額與 2020 年 3 月相比還成長了 4 倍。

在福島縣從事電商顧問工作，同時也在經營霜淇淋專賣店「ame Cafe」的鈴木先生，儘管經歷過 311 大地震、颱風淹水及新冠肺炎等試煉，為了保護底下的員工，而研發新產品超司蛋糕。雖然自學行銷技巧，卻一直得不到很好的成效。

不過，當他利用行銷補習班格式來撰寫新聞稿後，便在兩個月內獲得了《日經 TREDY》及全國性電視節目等 11 家媒體的採訪。營業額與去年同期比還迅速增長了 4 倍。

不僅要將這個實際成果放在社群平台上，還要利用社群舉辦活動。藉此開始行銷，又獲得了更多媒體採訪機會，還能做

雜誌報導可放置在店面，並在官網放上採訪實際成果，更能提升信賴感。

出口碑。現在已確立了這間店是在當地很難買到的人氣起司蛋糕品牌形象。

鈴木先生的行銷策略

◆將能傳遞故事的照片刊登在新聞稿上
 →精選出沒有宣傳味，一看就能感受到故事性的照片。
  （請參考下一頁的新聞稿）
◆徹底宣揚媒體報導的實際成果
 →除了在自家官網和社群平台上刊登媒體報導實際成果，在實體店面也要陳設展示區。只要放置刊登報導的雜誌，便能提升營業額。

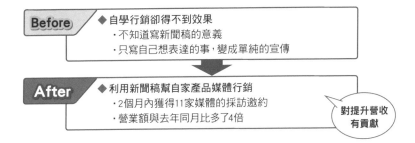

受新冠肺炎影響以致外帶需求增加，即使疫情仍然嚴峻也要振興餐飲業

使用「當天現產」的磐城地養雞蛋製成的起司蛋糕將親送到府

各位媒體記者朋友們好，我是鈴木浩三，在福島縣磐城市經營咖啡廳的株式会社SKB Pure擔任董事長。本公司旗下經營的ame Cafe**店內產品「磐城ame巴斯克蛋糕」將於2021年1月25日起接受網路預購與開始宅配服務。**因應福島縣內新冠肺炎疫情迅速擴大影響，15日起頒布了提供酒精性飲料的餐飲業者須縮短營業時間的禁令，並於晚間八點後減少不必要的外出自肅管理。（福島縣政府公布，於1月13日起至2月7日止，針對位於「緊急對策期間」的福島縣民減少不必要外出的自肅管理）。

因為餐飲業者陸續縮短營業時間或歇業，也導致了其他食品廠廠商營業額減少的現況。本店因應目前的外帶需求增加，將4小時營業時間外的剩餘時間專注於外帶服務，為了振興當地景氣，而使用磐城特產雞蛋成功做出了入口即化的全新起司蛋糕。不僅有來自磐城市內及福島縣，甚至是全國各地都湧入了大量的訂單。實體店面為了配合政府的「3密」措施，可以用網路預約外帶，或是24小時利用網路預購可宅配至日本全國各地。若配送地位於店面附近，將由想為當地作出貢獻並以成為德國職業足球員為目標，本店的工作人員佐藤步夢，會把蛋糕親送到府。本店想為疲於防疫的當地居民們，送上甜食讓各位展露笑顏。我深知各位媒體記者都很忙碌，倘若各位能在百忙之中前來採訪，利用媒體的力量讓更多的人知道這個資訊，將會是我莫大的榮幸。

◆ 名稱：磐城ame巴斯克蛋糕
◆ 地點：霜淇淋專賣店ame Cafe
◆ 價格：5吋3,500圓（4～7人份）
◆ 預約：請上預購專用網站訂購。

【聯絡方式】※當天能進行採訪的媒體記者，請向底下的【聯絡方式】洽詢。
株式会社SKB Pure　公關人員：佐藤
〒970-8025福島縣磐城市平南白土1-16-1 PLAZAMARUE Build. F號
Mail：　　　　　　　　TEL：

案例 5　仔細分析篩選媒體很重要

針對不同媒體改變新聞稿的切入點

簡介

公司職員

庄子惠理 小姐

● 宮城縣名取市人。曾任職建商公司的宣傳公關，在公關部從零開始，目前已邁入第 5 個年頭。2020 年 4 月報名行銷補習班。獲得 8 家媒體的採訪邀約。營業額與上個月相比增加了 2.4 倍，對公司有莫大貢獻。私下的副業，也與 3 間企業簽訂了行銷合約，成功兼顧了正職與副業。

　　擔任企業公關 5 年，卻始終得不到媒體報導成果的庄子小姐。因為想做出成果，便開始學習行銷，憑藉在上課中製作的新聞稿即獲得了 8 家媒體的採訪邀約。不僅不受新冠肺炎影響，營業額與上個月相比竟多了 2.4 倍。來客數也比上個月增加了 3 倍，對公司做出莫大貢獻。

　　而且還以個人公關企劃的身分開始了副業，並與三間公司合作。在一年內便獲得了多達 20 次以上的媒體曝光。

　　庄子小姐所實踐的行銷技巧，即是按照行銷補習班的格式製作新聞稿，再仔細篩選媒體。

舉例來說，電視節目的重點在於，要提供觀眾看一眼就能留下深刻印象的標題；但報紙則是要深入閱讀才能理解的內容才會比較容易被刊登出來。而她抓住這項特色，針對不同媒體依個別的切入點製作不同的新聞稿。

此外，當她要開始做副業的時候，她很積極地向親朋好友及職場上認識的人宣揚自己「在做行銷工作」，也很常在自己的社群平台及部落格上發出實際成果的貼文，並因此獲得 3 間公司的合作契約。

庄子小姐的行銷策略

◆按照行銷補習班格式製作新聞稿（實際的新聞稿請看下頁）
　→依據不同切入點精選出收件人。透過電子郵件和電話直接自我推銷，提升了刊登機率。
◆利用社群貼文以個人身分（副業）獲得工作
　→在 FB 和部落格擴展自己是行銷公關的認知。

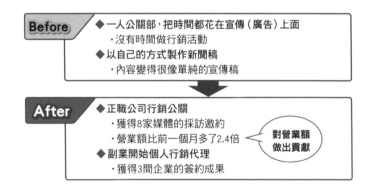

Press Release

2020年12月吉日

賦予廢棄米糠全新價值的地產地銷對策
～提供喫茶店以米糠製農產品肥料所種植的蔬菜達到區域循環性的六級產業化～

各位媒體記者朋友們好，我是尾形明美，在石卷市經營Masha米糠酵素Spa＆發酵喫茶店Masha。這次要向各位報告有關我每天致力於地產地銷與六級產業化的消息。

六級產業化，即是將「農業生產（一級）和農業加工（二級）與直銷（三級）的合作結合」，形成一級產業×二級產業×三級產業＝「六級產業化」。目的在於讓農林漁業者能因農產品「提升原有的價值」，進而提升所得。
將在米糠酵素Spa所使用過的米糠，提供給利用米糠堆肥的在地農家施種，發酵喫茶店再向這些農家採購利用米糠種植出來的農產品，形成區域循環。

由於有過震災的經驗，對在地復興的意識近趨強烈，所以我才思考出是否有我能為當地做出地產地銷的貢獻。米糠裡含有微生物（乳酸菌、酵母和麴菌）。將米糠混進肥料內，能將微生物分解成養分儲存在土裡，讓農作物吸收營養素成長茁壯。因此將米糠當作農作物的肥料是最適合不過的了。讓在地農家使用米糠種植，再將收成的農作物做成料理提供給顧客享用，如此循環下，不僅能實現身體健康和環境的淨化，還能對石卷在地有所貢獻。

我希望能透過這次的對策，將地產地銷及地區循環性的六級產業化推廣到全世界。我深知各位媒體記者都很忙碌，倘若各位能在百忙之中前來採訪，利用媒體的力量讓更多的人知道這個資訊，將會是我莫大的榮幸。

Masha米糠酵素Spa＋發酵喫茶店Masha

◆營業時間：酵素Spa 10：00～18：30（女性）／13：00～18：30（男性）※全預約制／發酵喫茶店10：00～18：30

◆店休日：星期四＋全年無休

◆內容：把在酵素Spa用過的米糠，提供給在地農家堆肥施種，發酵喫茶店再向農家採購農產品，並製成餐點販售。

※當天能進行採訪的媒體記者，請向底下的【聯絡方式】洽詢。

【聯絡方式】
Masha米糠酵素Spa
〒986-0853宮城縣石卷市門脇字青葉東26-7
公關人員：庄子
Mail： ████████████　TEL：████████

在石卷市六級產業化、地產地銷推廣中心官網有詳細的計劃內容。

台灣廣廈 國際出版集團
Taiwan Mansion International Group

國家圖書館出版品預行編目（CIP）資料

第一本社群行銷實戰攻略：提高營收、創造流量、粉絲激增！從行銷設計、
社群經營、到媒體傳播，一步步教你掌握「網路時代最有效行銷法則」的
日常實務工具書，不花錢、零經驗也能成功打造品牌、締造長紅業績！/
笹木郁乃作. -- 初版. -- 新北市：財經傳訊, 2022.12
　　面；　公分
ISBN 978-626-7197-03-5（平裝）
1.CST: 網路行銷　2.CST: 網路社群

496　　　　　　　　　　　　　　　　　　　　　　111015441

財經傳訊
TIME & MONEY

第一本社群行銷實戰攻略：
提高營收、創造流量、粉絲激增！

從行銷設計、社群經營、到媒體傳播，一步步教你掌握「網路時代最有效行銷法則」的日常實務工具書，
不花錢、零經驗也能成功打造品牌、締造長紅業績！

作　　　者／笹木郁乃	編輯中心編輯長／張秀環・編輯／陳宜鈴
翻　　　譯／李亞妮	封面設計／何偉凱・內頁排版／菩薩蠻數位文化有限公司
	製版・印刷・裝訂／皇甫彩藝・秉成

行企研發中心總監／陳冠蒨　　　　線上學習中心總監／陳冠蒨
媒體公關組／陳柔兮　　　　　　　產品企製組／顏佑婷
綜合業務組／何欣穎

發　行　人／江媛珍
法 律 顧 問／第一國際法律事務所 余淑杏律師・北辰著作權事務所 蕭雄淋律師
出　　　版／財經傳訊
發　　　行／台灣廣廈有聲圖書有限公司
　　　　　　地址：新北市235中和區中山路二段359巷7號2樓
　　　　　　電話：（886）2-2225-5777・傳真：（886）2-2225-8052

代理印務・全球總經銷／知遠文化事業有限公司
　　　　　　地址：新北市222深坑區北深路三段155巷25號5樓
　　　　　　電話：（886）2-2664-8800・傳真：（886）2-2664-8801
郵 政 劃 撥／劃撥帳號：18836722
　　　　　　劃撥戶名：知遠文化事業有限公司（※ 單次購書金額未達1000元，請另付70元郵資。）

■出版日期：2022年12月
ISBN：978-626-7197-03-5　　　　版權所有，未經同意不得重製、轉載、翻印。